Julius August Christian Uffelmann

Die Diät in den akut-fieberhaften Krankheiten

Julius August Christian Uffelmann

Die Diät in den akut-fieberhaften Krankheiten

ISBN/EAN: 9783743452251

Hergestellt in Europa, USA, Kanada, Australien, Japan

Cover: Foto ©berggeist007 / pixelio.de

Manufactured and distributed by brebook publishing software
(www.brebook.com)

Julius August Christian Uffelmann

Die Diät in den akut-fieberhaften Krankheiten

DIE DIÄT

IN DEN

ACUT-FIEBERHAFTEN KRANKHEITEN

VON

DR. JULIUS UFFELMANN,

PRIVATDOCENT DER MEDICIN IN ROSTOCK.

MIT 3 HOLZSCHNITTEN.

LEIPZIG,

VERLAG VON F. C. W. VOGEL.

1877.

Inhalts-Verzeichniss.

Berichtigungen.

Seite 27 Zeile 22 v. o. lies des, statt der.

„ 77 „ 14 v. o. lies auftretende Blutungen, statt gleichzeitiger Hämoptysis.

Einleitung.

Bei der Behandlung acut fieberhafter Krankheiten bildet die
Regelung der Lebensweise und besonders die Anordnung der den
Patienten zu reichenden Speisen und Getränke eine der wesent-
lichsten Pflichten unseres ärztlichen Wirkens. Handelt es sich doch
bei diesen Erkrankungen ganz besonders darum, so weit es möglich
ist, alle jene Momente wegzuräumen und fernzuhalten, welche die
schon durch das febrile Leiden an sich nicht mehr völlig normalen
Functionen des Körpers noch mehr zu alteriren im Stande sind. Zu
den Schädlichkeiten aber, welche in diesem eben betonten Sinne so
oft sich geltend machen und damit den Gang der hitzigen Krankheiten schwer verschlimmern, gehören vorn an die Speisen und Getränke, wenn sie der Menge, der Beschaffenheit oder auch der Zeit
nach unrichtig gereicht werden. Denn, wenn es eine Thatsache ist,
dass eine fehlerhafte Diät schon bei vorher ganz Gesunden auf das
zum Wohlbefinden nothwendige harmonische Ineinandergreifen der
einzelnen Functionen des Körpers störend einwirkt, und Krankheiten
verschiedener Art hervorrufen kann, so wird sich leicht ermessen
lassen, wie viel schwerere Folgen die nämliche Ursache gerade bei
acut fieberhaften Kranken nach sich zu ziehen im Stande ist, da
dieselben gegen derartige Schädlichkeiten ausnehmend empfindlich
sind, auf dieselben ungleich heftiger reagiren und, was so sehr in
die Waage fällt, fast sämmtlich eine bald mehr, bald weniger gestörte Verdauung zeigen. Es ist kaum nöthig, an die allbekannte
Thatsache zu erinnern, dass eine bedeutende Zahl von schweren
Complicationen des Ileotyphus und damit auch eine nicht geringe
Reihe von Todesfällen durch eine fehlerhafte Nahrung herbeigeführt
wird, dass ferner so viele Bauchfellentzündungen und Dysenterien
einen tödtlichen Ausgang deshalb nehmen, weil die gerade hier so

unumgänglich nöthige strenge Diät nicht angeordnet oder nicht befolgt wurde, der unendlich zahlreichen, immer sich wiederholenden Fälle von acuter Gastro-enteritis der Kinder nicht zu gedenken, bei denen sich als hauptsächliche oder gar alleinige Ursache des Todes eine auch noch während der Krankheit fortdauernde fehlerhafte Nahrungsweise erkennen lässt. Wenn aber eine rationelle Diätetik in den hitzigen Krankheiten schon durch das Fernhalten von Schädlichkeiten ausserordentlich günstig einwirkt, so erhöht sich ihr Nutzen noch ganz besonders dadurch, dass nur durch eine zweckmässige Anordnung der Nahrungsmittel die in diesen Leiden so häufig drohende Consumtion ferngehalten werden kann. Soll deshalb das Wirken des Arztes bei den acuten Krankheiten überhaupt von Erfolg sein, so muss er auf die Innehaltung einer dem jedesmaligen Falle angepassten Diät auf das Allerstrengste dringen und auch in diesem Punkte seine ganze Vorsicht und Sorgfalt dem Patienten gegenüber zu entwickeln bemüht sein. Mag man immerhin die übrige Behandlung durchführen, nach welchen Principien man wolle, mag man Allopathe oder Homöopathe sein, mag man die eigentlichen Medicamente ganz perhorresciren oder von ihrer Anwendung sich das Günstigste versprechen, immer wird die diätetische Behandlung die Grundlage bilden müssen, ohne welche jede anderweitige Therapie nur halben oder gar keinen Werth hat. Dieser gewiss allgemein anerkannten Wahrheit wird man auch angesichts der gerade in neuester Zeit auf andere Weise ebenso zweifellos wie erheblich geförderten Behandlung der acuten Krankheiten sich nicht verschliessen können, wenn man ins Auge fasst, dass bei sehr vielen dieser Leiden die richtige Anordnung der Lebensweise vollständig genügt, um einen günstigen Ablauf herbeizuführen, und dass sehr oft erst in Folge fehlerhafter Ernährung eine Verschlimmerung der Krankheit eintritt und eine eingreifende Behandlung nothwendig wird. In Anbetracht dieser grossen praktischen Wichtigkeit, welche bei der noch immer beträchtlich hohen Sterblichkeitsziffer fast aller acuten Krankheiten ausser jeder Frage steht, verlohnt es sich wohl der Mühe, die Principien zu studiren, nach denen, jedem individuellen Falle entsprechend, die Diät geregelt werden muss, und dies haben wir mit der folgenden Abhandlung versuchen wollen.

Geschichtlicher Ueberblick.

Das unsterbliche Verdienst, eine Diätetik für acute Krankheiten geschaffen und als einen besonders hervorragenden Theil der Heilkunst gelehrt zu haben, gebührt demselben Arzte, der nun schon zwei Jahrtausende hindurch uns immerfort ein leuchtendes Vorbild gewesen ist, ich meine Hippokrates. In seiner meisterhaften Darstellung der Lebensordnung für die hitzigen Krankheiten[1]) weist er mit den eindringlichsten Worten auf die strenge Regelung der den Kranken zu reichenden Speisen und Getränke, als die Grundbedingung der ganzen Behandlung hin. Bei seiner treuen Beobachtung des Krankheitsverlaufes erkannte er bald, dass je nach den verschiedenen Constitutionen, nach dem Alter, nach dem Geschlechte, der Art, der Heftigkeit und dem Stadium der Krankheit auch die Diät sich ändern müsse, lobte im Allgemeinen die den Fieberkranken mit den mildesten, reizlosesten Mitteln schwach nährende Methode, machte aber gleichzeitig auf die grossen Nachtheile aufmerksam, welche den im Fieber Entkräfteten aus allzu karger Diät erwachsen können. Allbekannt ist, dass sein Hauptnahrungsmittel in den acuten Krankheiten die Ptisane war, eine Gerstenabkochung, die entweder ungeseiht genossen wurde, oder von der man nur das Durchgeseihte, den Ptisanenrahm zu sich nahm. Erstere, die ptisana tota, war seine diaeta tenuis, der cremor ptisanae war seine diaeta exacte tenuis, während aqua mulsa, Honigwasser, seine diaeta extreme tenuis vorstellte. Als durstlöschendes Getränk empfahl er ausser dem Honigwasser acetum mulsum oder Oxymel, auch gewöhnliches Wasser; dagegen wollte er von der Anwendung der Milch in fieberhaften

---

1) Hippocratis opera omnia Anutio Foesio autore. Francof. 1596. p. 364 ff. de ratione victus in morbis acutis liber.

1 *

Krankheiten Nichts wissen. Sagt er doch geradezu: Lac exhibere
capite dolentibus malum, malum item et febricitantibus[1]). Sehr
häufig dagegen und bei den mannigfachsten Formen von acuten
Leiden, nicht blos während der Reconvalescenz, sondern sogar auf
der Höhe des Fiebers, rieth er den Gebrauch des Weines an, für
dessen verschiedene Sorten vinum dulce, vinosum, album und nigrum
er die Indicationen sorgfältig festzustellen sich bemühte. Alles Consistente und kräftig Nährende verbot er auf das Allerstrengste, bis
der Kranke entschieden in die Genesung übergetreten war und lieferte
auch damit einen glänzenden Beweis seiner exacten Beobachtungs-
gabe, mit deren Hülfe er, jeder physiologischen Kenntniss bar, allerdings auch frei von allen aprioristischen Ideen, eine noch heut zu
Tage feststehende unendlich wichtige Regel geschaffen hat. Diese
Grundsätze der Diätetik für acut fiebernde Kranke finden wir aus-
führlich erörtert in seiner oben erwähnten classischen Abhandlung
„de victus ratione in morbis acutis", kurz zusammengefasst aber in
seinen Aphorismen, besonders im Liber 1, Sectio 1, Nr. 7, 8, 9, 10,
11, 16, 17. Als Cardinalsätze gelten mit Recht die beiden folgenden:
Cum morbus est peracutus, extremos protinus obtinet labores et extreme tenuissima victus ratione necessario utendum. At conjectura
etiam ex aegro facienda, an cum eo victu satis esse possit ad morbi
usque vigorem, annon prius ille deficiat, neque cum tali victu satis
esse possit vel prior morbus deficiat et obtundatur[2]). Dies sind die
ersten segensreichen Anfänge einer ausnehmend wichtigen Lehre, die
nach des Hippokrates eigenen Worten vorher so gut wie gar nicht
cultivirt war, und der er, auf seinen reichen Schatz von Erfahrungen
sich stützend, eine sichere Basis schuf. Mit ebenso beredten, wie
entschiedenen Worten hält er den Aerzten seiner Zeit die Nothwendigkeit einer strenge durchgeführten Diätetik vor, zeigt ihnen die
Indicationen, nach denen zu verfahren sei und lehrt vornehmlich,
dass bei aller Einfachheit der Methode doch niemals eine schablonen-
- mässige Anwendung derselben Platz greifen dürfe. Insuper in sin-
gulis conjectandum est, sagt er[3]), et robur et morbi genus, itemque
hominis natura et aegri in victu consuetudo non tantum in cibis verum
etiam in potionibus. Und ferner: Dandum aliquid tempori, regioni,
aetati et consuetudini. Wahrlich es wäre zu wünschen, wenn die

---

1) Aphorismi. Liber 1. Sectio 1. Nr. 7 u. 9.
2) Aphorismi. Liber 1. Sectio 1. Nr. 7 u. 9.
3) l. c. p. 373.

Therapie auf dieser Basis weiter gebaut hätte und mit Hülfe der späteren erfolgreichen Forschungen auf dem Gebiete der übrigen Disciplinen auch die Diätetik im Sinne des grossen Meisters ausgebildet wäre. Leider ist dies in dem wünschenswerthen Maasse nicht der Fall gewesen.

Schon Asklepiades von Prusa ging von den Grundsätzen des Hippokrates ab; er liess in den ersten Tagen einer acut-fieberhaften Krankheit absolut hungern und dürsten, gestattete nicht einmal, den Mund mit kaltem Wasser anzufeuchten und spielte damit nach des Celsus Ausspruch den Peiniger, um dann, in der Regel schon am 4. Tage nach völliger Ermattung des Kranken ihm auf einmal kräftige Nahrung zu reichen. Ja, er ging alsdann noch weiter, indem er selbst auf der Höhe des Fiebers durch absichtliches Darreichen verschiedenartiger Speisen dem Drängen der Patienten nach Abwechselung entschiedenen Vorschub leistete. Viel vorsichtiger war Themison von Laodicea[1]), welcher von dem Zeitpunkte an, an dem das Fieber entweder aufgehört oder doch entschieden nachgelassen hatte, noch den dritten Tag abwartete und, wenn dann das Fieber mittlerweile nicht zurückgekehrt oder nicht schlimmer geworden war, wieder anfing, nahrhafte Speise zu reichen[2]). Ganz richtig aber erkannte Celsus, dass solche Vorschriften durchaus nicht für alle Fälle Gültigkeit haben könnten; er sagte, es sei oft schon am ersten, zweiten oder dritten Tage der Krankheit das Darreichen kräftiger Nahrung nöthig, und es käme dabei auf die Art der Krankheit, auf die Beschaffenheit des Körpers, auf Klima, Alter und selbst auf die Jahreszeit an. Auch müsse man, fügte er hinzu, bei einer Krankheit, die mehr Kräfte hinwegnähme, früher nahrhafte Kost verabfolgen und einem Kinde eher, als einem Erwachsenen; so lange die Kräfte hinreichten, solle die Krankheit durch strenge Diät bekämpft werden; sobald aber Schwäche sich zeige, sei es Pflicht, mit nährenden Substanzen zu Hülfe zu kommen. Optimum medicamentum est opportune cibus datus, dies ist der so oft citirte Wahlspruch des eben genannten Arztes, der so ganz den hippokratischen Grundsätzen sich wieder hinneigte und vor Allem es unumwunden aussprach, dass man — ganz entgegen den damals

---

1) cfr. Celsus de medicina libri 8. Uebersetzt von Scheller. Braunschweig 1846. p. 163.
2) cfr. Celsus de medicina libri 8. Uebersetzt v. Scheller. 1846. p. 163 ff. „Non quando coepisset febris ut Asclepiades, sed quando desiisset considerabat."

noch in Ansehen stehenden Lehren des **Asklepiades** — acut febrilen Kranken niemals etwas reichen dürfe, was sie nicht verdauen könnten.

Diesen Principien des **Celsus** schlossen sich **Arctaeus** von Cappadocien und besonders **Galenus** eben so offen, wie entschieden an[1]. Auch des Letzteren Hauptnahrungsmittel für Fiebernde war die Ptisane, deren Vorzüge er nicht genug zu rühmen' wusste, und über die er bekanntlich eine eigene Abhandlung *περι πτισανης βιβλιον* veröffentlichte. Quaecunque, sagt er, ptisanae ad acutorum morborum sanationem insunt bona, nulli alteri esse comperies. So lange die Kräfte gut, bekamen die Kranken eine recht knappe Diät, nämlich die Gerstenabkochung und nebenher reichlich Wasser, welchem er eine ausnehmend wohlthuende und direct antipyretische Wirkung zuschrieb. Sobald aber Erschöpfung sich einstellte, erhielten die Patienten unter Berücksichtigung ihres Alters, ihrer Constitution, ihrer Gewohnheiten und anderer individueller Umstände kräftigere Nahrung, aber immer nur die, welche sie verdauen konnten. Gerade in Bezug auf diesen Punkt ermahnte auch er zu allergrösster Vorsicht, wie seine Worte bekunden: „Huc accedit et quod ciborum concoctio sive ea in jecinore sive in ventriculo sit improspera febres incendit ac humorum vitio exacerbat. Quo magis in omni febre ciborum concoctioni prospicere magnopere oportet"[2]. Sehen wir so durch **Celsus** und **Galenus** die Diätetik des **Hippokrates** neu begründet und weiter gebildet, so können wir von den bedeutenderen Aerzten der nächstfolgenden Zeit nur berichten, dass sie treu zu diesen Vorbildern hielten. **Alexander von Tralles**, dem wir treffliche Fortschritte in der Fieberlehre verdanken, war in der von ihm vornehmlich berücksichtigten Diätetik vollkommener Anhänger der eben erwähnten Methode und auch die Araber sind in den wesentlichen Punkten nicht von derselben abgewichen. So **Averroës** und dessen Schüler, der jüdische Arzt **Maimonides**, welcher ein besonderes Buch über Diätetik geschrieben, vor Allem aber **Avicenna**, der unter den Arabern entschieden der selbständigste war[3]. Er empfahl wie **Galenus** das kalte Wasser und zwar während der

1) **Arctaeus**, De causis et signis et curatione morborum. Ed. Boerhave. 1735. — Claud. Galenus. Ed. Kühn, med. graec. 1824.
2) l. c. p. 788.
3) **Avicennae** liber canonis medicinae a M. Gerardo Cremonensi ex arabico in latinum translatus. Venet. 1544. Lib. IV. Fen. I. Tractatus II. Cap. 8. *De cibatione febricitantium in generali.*

ganzen Dauer des Fiebers und rühmte an diesem Mittel, dass es je
nach den Umständen Erbrechen, Durchfall oder Schweiss hervorzurufen im Stande sei. Während des Beginnes einer fieberhaften
Krankheit liess er etwas mehr Nahrung reichen, als nach der hippokratischen Methode gestattet war; erst auf der Höhe des Fiebers
ging er zum victus tenuissimus über. Bei Schwächezuständen empfahl auch A v i c e n n a kräftigere Nahrung, verlangte aber, dass sie
jedesmal nur in geringen Quantitäten, dafür lieber etwas öfter gegeben
würde, weil sie so leichter zu verdauen sei. Mit Bezug auf diese
Vorsicht sagt der weiter unten noch zu erwähnende J o d o c u s L o m -
m i u s von ihm: „Prudenter hoc monuit Avicennas, noxae illius
cfassiusculi victus succurrendum esse partitione, ita nimirum naturam
melius tolerare." Für Reconvalescenten rieth er eben so vorsichtig
eine nicht zu karge, aber sehr sorgsam gewählte, alles Schwerver-
dauliche vermeidende Diät an und empfahl in diesem Stadium des
wiederkehrenden Appetites den letzteren niemals bis zur vollständigen Sättigung zu befriedigen[1]). Bei A v i c e n n a finden wir auch
die erste Angabe über den Gebrauch von Zuckerwasser[2]), Aqua
cannae, in fieberhaften Krankheiten, für die er ausserdem eine Menge
von Getränken empfohlen hat. So reichte er Wasser, Aqua hordei,
Kisch, d. i. die Ptisane, Aqua mellis, den Syrupus acetosus de zuccaro,
und die Aqua lactis crudi quae ex lacte coagulato acetoso colatur,
Milch dagegen hauptsächlich nur beim hektischen Fieber. Für letzteres setzte er die Diät in einer wahrhaft mustergültigen Weise fest,
indem er an die Stelle des für die acuten Leiden bestimmten Victus
tenuior und tenuissimus eine ernährende, der Schwäche mild ent-
gegenwirkende Diät anordnete[3]). Aqua hordei und panis tritici abluti
infusus in aqua frigida, sowie Milch, Brühe von jungem Geflügel,
jus iffidebegi, Wein mit Wasser, Eigelb und selbst leichtes Fleisch —
das sind die Speisen und Getränke, die er für das hektische Fieber
anempfahl. So sehen wir, dass auch dieser berühmteste der arabischen Aerzte im Wesentlichen die diätetische Behandlung übte,
wie sie für febrile Kranke von H i p p o k r a t e s , C e l s u s und G a -
l e n u s angeordnet war, dass er ängstlich jede Indigestion zu meiden,
die Fiebernden aber mit milden Mitteln schwach zu nähren sich
bemühte. In ähnlichem Sinne lehrte später auch die Schule von

---

1) l. c. Lib. IV. Fen. I. Tract. II. p. 101. *Regimen convalescentis.*
2) l. c. Lib. IV. Fen. I. Tract. II. p. 430.
3) l. c. Lib. IV. Fen. I. Tract. IV. Cap. 7. De cibatione habentium hecticam.

Salerno, welche um die Pflege der Diätetik sieh sehr verdient gemacht hat, die acuten Krankheiten behandeln[1]). —
Als jedoch mit dem Ende des 13. Jahrhunderts der Ruhm Salerno's, welches sich mit Stolz Civitas hippocratica genannt hatte,
zu erbleichen begann und dann die Heilkunde, anstatt bei treuer
Beobachtung objectiv zu verharren, in das Fahrwasser der scholasti-
schen Philosophie gerieth, war es rasch vorbei mit einer Weiter-
bildung jenes von Hippokrates begründeten und bis dahin so wohl
gepflegten Theiles der Therapie. Je mehr aber die diätetische Behandlung der acuten Krankheiten von den Aerzten jener Zeit ver-
nachlässigt wurde, um so grösser ist das Verdienst eines Mannes,
der noch ein Zeitgenosse des in vielen anderen Punkten reformirenden
Paracelsus die Diätetik der febrilen Leiden wieder in ihre volle
Ehre einsetzte und zu einer bis dahin noch nicht erreichten Höhe erhob.
Dieser Arzt, der Wiederhersteller der alten hippokratischen Maxime,
der gewissenhafte und einsichtige Kritiker aller von den namhaftesten
Autoritäten empfohlenen diätetischen Grundsätze, war der als Praktiker hochgeachtete Jodocus Lommius, der in seiner viel zu wenig
gelesenen Abhandlung über die Therapie der acuten Krankheiten
eine wahrhaft meisterhafte Darstellung der für diese Leiden nothwendigen Diät geliefert hat[2]). In jener präcisen Sprache, wie sie
classischen Werken eigen ist, setzt er den hohen therapeutischen
Werth der Diätetik überzeugend auseinander und stellt er mit ausserordentlicher Genauigkeit die Indicationen für die Methode der Darreichung von Speise und Getränken fest. Lommius geht von dem
Hauptgrundsatze aus, dass die den Fiebernden zuzutheilende Nahrung
in erster Instanz von dem Kräftezustande abhänge; darum müsse
man dem Kranken mit nährender Kost zu Hülfe kommen, wenn die
Kräfte schwinden und müsse entziehen, wenn das Fieber in der
Exacerbation begriffen, die Kräfte aber nicht erheblich mitgenommen
seien. Die Heftigkeit des Fiebers an sich könne niemals eine absolute Gegenanzeige sein, kräftigere Nahrung zu reichen; sei nämlich gleichzeitig die Schwäche vorwaltend, so solle man mehr diese,
als die Krankheit berücksichtigen und eine leicht zu verdauende
nährende Kost reichen — facili cibo aegrotis succurrendum — eine

1) Les préceptes de l'École de Salerne par A. L. van Biervliet. Louvain
1863 und J. Chr. G. Ackermann, Regimen sanitatis Salerni etc. Stendal 1790.
2) Jod. Lommius, De curandis febribus continuis liber in quattuor divisus
sectiones. Rotterodami 1722. Von S. 49 an.

Indication, welche besonders in jenen Schwächezuständen eintrete, die durch übermässige Schweisse, Durchfälle und Blutungen hervorgebracht werden. Dieser mit grosser Schärfe durchgeführte Gedanke zieht sich durch die ganze Abhandlung hin. Wohlweislich aber und in der sicheren Voraussicht vielfachen Widerspruches führt Lommius bei der Begründung seines Hauptsatzes den Hippokrates als seinen Gewährsmann an, indem er sagt: „Quod et ipsum lego factitasse Hippocratem, qui interdum in acutae febris vigore ubi alicujus interventu symptomatis vis hominis insigniter perielitaretur, confidenter cibum dedit." Wenn er aber einerseits vor allzu karger Diät bei Schwächezuständen warnt, so dringt er ebenso strenge, wie Celsus, Galenus und Avicenna darauf, acut-febrilen Kranken niemals Etwas zu reichen, was sie nicht verdauen können, und was dann nur dazu dienen würde, das Fieber zu verschlimmern. Das Hauptnahrungsmittel ist auch ihm die bekannte Ptisane; als Getränk reicht er Honigwasser, gekochtes und hernach erkaltetes Zuckerwasser, auch kaltes Wasser und dünnes Bier. Wein dagegen verbietet er Fiebernden gänzlich, wenn sie nicht in grosser Schwäche darniederliegen. „Vinum, sagt er, semper est fugiendum quoniam calet, nisi cum praecipua virium est imbecillitas, consentiente consuetudine simulque admodum appetente homine, indulgeatur, idque paucum, dilutum ac minime potens." Als kräftigendes Nahrungsmittel bei vorhandener Schwäche gibt er Fleischbrühe, die freilich im Vergleich mit der jetzt üblichen um ein Bedeutendes concentrirter hergestellt wurde; auch Brotsuppe aus Brot und Fleischbrühe, oder aus Brot und dünnem Bier durch Kochen bereitet, ebenso eine Suppe aus dem Safte unreifer Trauben und Eigelb empfiehlt er als sog. sorbitio nutritoria. Wenn somit Lommius nach dem Kräftezustande die Menge und die Art der Fieberdiät bemisst, so weist er doch gleichzeitig in präcisen Worten darauf hin, dass man neben dem Kranken auch die Krankheit selbst im Auge behalten müsse. Er will also die Diät vornehmlich, aber nicht lediglich nach dem Stande der Kräfte bemessen und verlangt insbesondere, auf die Stadien der Krankheit Rücksicht zu nehmen. Im Anfange d. h. in der Regel in den beiden ersten Tagen soll man Zuckerwasser oder dünnes Bier und die durchgeseihte Ptisane reichen, während des Ansteigens der Fiebererscheinungen eine etwas mehr nährende Kost, victus paullo liberalior, nämlich die ganze Ptisane, auf der Höhe der Krankheit nur kaltes Wasser oder Zuckerwasser — victus summe tenuis, extreme tennis, mit der entschiedenen Abnahme des Fiebers eine lang-

sam und vorsichtig consistenter werdende Kost, Brühe von Hühnern,
Kapaunen, Suppen von Gerstenschleim mit Bouillon, weich gekochtes
Fleisch vom Lamm und Kalb. Das ist in kurzen Zügen die Diät
für nicht allzusehr geschwächte Fiebernde. Den in grosser Kraft-
losigkeit darniederliegenden aber reicht er in jedem Stadium der
Krankheit kräftigere Nahrung, so während des Ansteigens der febrilen
Erscheinungen ausser der Ptisane noch Fleischbrühe und auf der
Höhe des Fiebers nicht das einfache kalte Wasser, sondern Suppen
von Gerstenschleim mit etwas Zucker, tenues sorbitiones, niemals
aber eine Kost, von der Indigestion zu befürchten sei. Auf die verschiedenen Arten der Krankheiten aber nimmt Lommius keine
Rücksicht, so dass im Wesentlichen seine Fieberdiätetik in allen
acuten Erkrankungen die gleiche ist.

Wir haben es für nothwendig gehalten, die diätetischen Lehren
des Lommius hier ausführlicher auseinanderzusetzen, weil derselbe,
wenn auch im Wesentlichen auf hippokratischer Basis bauend, doch
in vieler Beziehung mit neuen Anschauungen hervorgetreten war.
Dazu kommt, dass dieser wichtige Zweig der Therapie von ihm in
einer wirklich ausnehmend exacten Weise behandelt ist. Bedenken
wir hierbei den damaligen Stand der Medicin, insbesondere der Physiologie, so müssen wir die vollste Bewunderung dem Manne zollen,
der es verstand, blos an der Hand der Erfahrung die Diätetik der
acuten Krankheiten zu einem solchen Grade auszubilden.

Ihm folgte in der unbedingten Anerkennung des hohen Werthes
dieser Disciplin der grösste Arzt des 17. Jahrhunderts Thomas
Sydenham. Ein abgesagter Feind der Hypothese, schlug er den
einzig richtigen Weg der Naturbeobachtung ein und lernte bald ein-
sehen, dass oft ganz allein durch eine richtige Anordnung der Lebensweise eine grosse Reihe acut-febriler Erkrankungen einen günstigen
Ablauf nimmt. Satis habeo, sagt er bei der Therapie des Schar-
lachs[1]), ut aeger a carnibus in solidum abstineat et a liquoribus
spirituosis quibus eumque, tum ut ñeque usquam foras prodeat neque se perpetim lecto affligat. Simplici hac et naturali plane me-
thodo hoc morbi nomen sine molestia aut periculo quovis facillime
abigitur. Darum finden wir bei der Angabe der Behandlungsweise
einer Krankheit jedesmal einen kurzen aber genügenden Abriss der
nothwendigen diätetischen Verordnungen, die durch ihre Milde und
Einfachheit an die hippokratischen sich stricte anschliessen. Die

---

1) Thom. Sydenham opuscula omnia. Genevae 1684. p. 418.

Diätetik des Sydenham nimmt Rücksicht auf den Kranken, wie auf die Krankheit, und nicht bloss auf die Stadien der letzteren, sondern auch auf die Arten derselben. Den nicht allzusehr geschwächten Fiebernden verbietet er bis zur Convalescenz Fleisch, Fleischbrühe und alle Spirituosen, verordnet dagegen Gerstenschleim, Hafersuppe, dünnes Bier, Brotwasser, Obstsuppe, mitunter Milch und Wasser, und Molken. Entkräfteten aber gibt er Bouillon vom Huhn, Suppe mit Eigelb und auch Wein. Si qua, sagt er, defectio sub finem imminere videatur, jusculi ex pullo tantillum, vitellum ovi, vel his similia permitto sorberi[1]). Diese Diät wird nun je nach der Art und dem Stadium der Krankheit modificirt. So reicht er beim acuten Rheumatismus in den ersten Tagen Molken, bei der Dysentrie Milch mit dem dreifachen Quantum Wasser gekocht[2]), bei der Pneumonie eine schleimige Suppe von Gerste und Süssholzwurzel u. s. w. Eine ausserordentlich strenge Rücksichtnahme auf die Stadien der Krankheit finden wir besonders bei der Therapie der damals so häufigen und verheerenden Blattern, indem fast für jeden einzelnen Tag das diätetische Regimen festgesetzt wurde. Ohne die Aeusserung irgend eines Bedenkens empfiehlt Sydenham bei den hitzigen Krankheiten das Trinken von kaltem Wasser, wie dies ja schon Galenus und Avicenna als im Fieber heilsam erkannt hatten. In einem Punkte aber sehen wir ihn in entschiedenem Widerspruch mit fast allen seinen Vorgängern. Man hatte bis dahin den Instinkt der Kranken, ihre Gelüste nach gewissen Speisen und Getränken, fast immer unberücksichtigt gelassen und war der Meinung, dass ein Nachgeben in dieser Beziehung nur schaden könne; wir erinnern uns des harten Tadels, den Celsus gerade deswegen über Asklepiades fällt, weil letzterer in diesem Punkte seinen Kranken so viel erlaubte. Sydenham aber sprach es offen aus, dass man bei der Behandlung der Kranken auch auf ihre Gelüste Rücksicht nehmen müsse, wenn dieselben nicht geradezu widersinnig seien und auf offenkundig schädliche Dinge sich bezögen. „In morborum curatione, sagt er, plus dandum est aegrorum appetitionibus et desideriis impensioribus modo perquam enormia non fuerint et quae vitam ipso facto extinguant, quam magis dubiis et fallacibus medicae artis regulis[3]),

---

1) l. c. p. 169.
2) Hydrogala von Sydenham genannt.
3) Thom. Sydenhami Dissertatio epistolaris ad Guilielmum Cole. Genevae 1684, p. 33.

und ferner: lubens ea etiam concessi quae minus aegro convenire viderentur modo palato magis arriderent."[1]) Es ist dies unstreitig ein schwacher Punkt in der Sydenk'am'schen Diätetik; doch dürfen wir bei seiner sonstigen grossen Vorsicht überzeugt sein, dass er diesen gefährlichen Grundsatz in der Praxis nur cum grano salis angewandt habe. Hiervon abgesehen hat Sydenham bei der diätetischen Behandlung acut-fieberhafter Leiden entschieden hippo- kratische Maxime verfolgt, und wie viel er auf die strenge Innehaltung dieser Grundprincipien gehalten, können wir aus seinen in Bezug auf die diätetischen Maassnahmen so gut ausgestatteten Krankenge- schichten aufs deutlichste entnehmen.

Leider wich man nur allzubald wieder von diesem Wege ab; philosophische Speculationen begannen aufs Neue die Medicin und insbesondere die Therapie zu beherrschen und in Folge davon sank auch die Diätetik zu einem ganz untergeordneten Theile der Heil- kunst herab.. So wird man staunen, in den Werken Stahl's, die ihrer Zeit so viel Aufsehen erregten, von unserer Lehre eigentlich gar Nichts zu finden[2]). Man hielt eben damals die diätetische Be- handlung für nebensächlich gegenüber der anderweitigen Medication und hatte ganz vergessen, wie Grosses durch jene Hippokrates, Galenus und Sydenham geleistet. Erst bei Hermann Boer- have finden wir wieder eine bedeutendere Beachtung der Diätetik. Dieser, ein Schüler Sydenham's und in vielen Punkten der hippo- kratischen Heilmethode zugethan, aber zugleich in iatrochemischen und iatromathematischen Ideen befangen, zeigte in seiner Diaeta aegroti nicht blos, wie richtig er beobachten konnte, sondern auch, wie er trotz alledem durch seinen theoretischen Calcul in der Anwendung der diätetischen Maxime auf die bösesten Irrwege gerieth. Mit grosser Klarheit spricht er davon, dass die dem Patienten zu reichenden Speisen nur dann dem Körper zu Gute kommen, wenn sie verdaut werden; deshalb soll die Nahrung so beschaffen sein, dass sie des Kauens und der Verdauung im Magen nicht mehr bedürfe. Auch solle man niemals einem Kranken Speise reichen, welche leicht in Gährung oder Zersetzung übergehe, oder welche durch sich selbst die Krankheit verschlimmere. Leicht verdauliche und doch auch nährende Kost habe der durch Krankheit geschwächte Körper nöthig. Dies Alles sind Grundsätze, so einfach, so naturgemäss, wie man sie

1) l. c. Febr. contin. hujus constitutionis. p. 359.
2) G. G. Stahl, Theoria medica vera. 1708.

sich nur denken kann. Was aber Weiteres bei Boerhave über
die Ausführung dieser Principien sich angegeben findet, erweist sich
als eine nutzlose, durch seine iatrochemische Anschauung erzeugte
Speculation. Wenn die humores, sagt er[1]), vergunt in alcalinam
naturam, so gehören sich für den Patienten Speisen von Vegetabilien,
Ptisanen aus Getreide, Obstsuppen und höchstens etwas Milch; wenn
aber indoles acida vorhanden ist, so sind Fleischsuppen, Eigelb, überhaupt animalische Kost, nothwendig. Schon aus diesem Wenigen
lässt sich ermessen, dass der sonst so verdienstvolle Boerhave der
Ausbildung einer rationellen Diätetik wenig genützt hat. —

Einen directen und äusserst schwer wiegenden Nachtheil für
die Entwickelung dieses wichtigen Zweiges der Therapie hat aber
das Wirken eines Mannes gehabt, der nicht lange nach dem oben
genannten Arzte auftrat und durch sein bestechendes System rasch
einen sehr grossen Theil der besten Praktiker für sich gewann, ich
meine J. Brown. Die Heilkraft der Natur verneinend und alle
Krankheiten in sein System zwingend, richtete er auch seine Methode
des Heilens nur nach dem ein, was seine Anschauung von dem
Wesen der Krankheiten ihm an die Hand gab. Für die sthenischen
Leiden verlangte er die Verminderung der Reize, speciell hinsichtlich der Diät das Vermeiden von Fleisch, Fleischbrühe und Wein,
dagegen die Darreichung von Wasser, Wassersuppe und etwas dünnem Bier. Patienten mit solchen Leiden dürfen nach ihm nicht genährt werden, da jeder cibus alens nur dazu diene, das Fieber zu
vermehren. Für die asthenischen Krankheiten ordnete Brown die
gerade entgegengesetzte Diät an; nämlich Fleischbrühe und Wein.
Somit sehen wir die Diät lediglich von dem durch theoretischen
Calcul festgestellten Charakter des Leidens abhängig gemacht und
vermissen jede Rücksichtnahme auf das individuelle Moment, auf
das locale Leiden, auf die Constitution, auf den jedesmaligen Kräfte-
zustand, auf das Alter der Patienten.[2])

Trotz der augenfälligen Fehler dieser diätetischen Methode hat
der in ihr kundgegebene Hauptgrundsatz Brown's, die Nothwendigkeit der Schwächung und Entziehung in den sog. sthenischen Krankheiten, sowie seine Ansicht über die Vermehrung des Fiebers durch
jede irgendwie nährende Kost eine ausserordentliche Verbreitung und

---

1) H. Boerhave, Institutiones medicae. Lugd. Bat. 1727. p. 465 ff. und
Idem: Aphorismi de cognoscendis et curandis morbis. 1709.
2) J. Brown, System der Heilkunde, übersetzt von Pfaff. Kopenhagen 1796.

eine über die Herrschaft seines Systems weit hinaus sich erstreckende
Dauer erlangt. Freilich trugen auch die bald sich Bahn brechenden
Antiphlogistiker, besonders Broussais') und seine Schüler, das
ihrige dazu bei, diesen Principien Geltung zu verschaffen. Bekanntlich erklärte Broussais die Entzündung für das Wesentliche aller
pathologischen Veränderungen und die Gastro-enteritis für die cau-
sale Basis der sogenannten essentiellen Fieber. Demgemäss war
seine Therapie, in specie auch seine Diätetik, in erster Linie darauf
gerichtet, der Entzündung entgegen zu wirken; rücksichtslos wurde
Blut entzogen und eine Hungercur angeordnet, letztere zu dem
Zwecke, um dem Blute kein neues, die Entzündung beförderndes
Material zuzuführen, vornehmlich aber auch, um durch keine die
Verdauungsorgane reizenden Substanzen die vermeintlich in den
febrilen Leiden vorhandene Entzündung der Magen-Darmschleimhaut
und damit das Fieber selbst zu vermehren. L'abstinence et les
boissons aqueuses, das war seine bekannte Diätetik, der wir bei
allen acuten Krankheiten wieder begegnen. Unzweifelhaft war diese
absolute Diät, dies consequente, lange durchgeführte Entziehen aller
nährenden Kost in den hitzigen Krankheiten ein entschiedener Fehler,
weil dem Eintritte der Gefahr des Inanitionstodes grosser Vorschub
geleistet wurde. Aber wir müssen, wenn wir auch den Tadel, der
nunmehr allgemein über dies Princip gefällt wird, für vollkommen
gerecht anerkennen, doch andererseits Broussais die Gerechtigkeit
widerfahren lassen, dass er ungleich mehr individualisirte, als es
Brown gethan, und dass er in sehr vielen Fällen diätetische Anordnungen traf, die von jedem unparteiischen Arzte geradezu für
musterhaft erklärt werden müssen. Wer einmal seine classische
Darstellung der Ruhrdiätetik gelesen hat, wird zugeben, dass solches
Lob nicht übertrieben ist. Man hat aber vielfach über den grossen
Fehlern der Broussais'schen Therapie manches Gute ganz über-
sehen, welches gerade in seiner Diätetik uns überliefert ist. Traten
im Verlaufe der acut-febrilen Krankheiten keine Schwächezustände
ein, so setzte er seine oben beschriebene Diät beharrlich fort bis
zu dem Augenblick, wo der Appetit entschieden rege wurde; von
da an ging er vorsichtig und langsam zu nährenden Speisen über.
Sowie jedoch während eines hitzigen Leidens die Symptome von
Adynamie sich einstellten, liess er augenblicklich die boissons aqueuses

---

1) Broussais, Examen des doctrines médicales. Paris 1821 und Idem.
Leçons sur les phlegmasies gastriques. Paris 1823.

aussetzen und ordnete, vielleicht oft allzu spät, die Darreichung von Wein und kräftiger Fleischbrühe an. Lorsque la gastro-entérite la plus violente, sagt er, se prolonge jusqu'à un certain point, *la débilité* fournit des indications, qu'il faut remplir avec des matériaux alibiles pour prévenir la mort per inediam. Car il arrive une époque *où la digestion est possible malgré la persistance de l'inflammation sans produire l'exaspération de celle-ci.*[1]) Dieser letztere hoch bedeutsame Satz über die Möglichkeit der Verdauung von nährenden Substanzen bei noch bestehendem Fieber wird sich, wie wir sehen werden, als unbedingte Wahrheit erweisen und ist, von Broussais zum ersten Male in dieser bestimmten Weise ausgesprochen, ein deutlicher Beleg dafür, dass der in argen Vorurtheilen so schwer befangene Arzt die Fähigkeit zu völlig objectiven Beobachtungen nicht verloren hatte. Und auch die folgenden Sätze seiner diätetischen Methode sind ganz im Einklange mit den Anschauungen des grössten Theiles der jetzt lebenden Praktiker: „Lorsque l'appétit se déclare avec énergie dans les gastro-entérites aiguës, le malade étant revenu de sa stupeur, on doit permettre des bouillons malgré la persistance de la fréquence du pouls, de la chaleur âcre et de la rougeur de la langue; autrement la 'faim redoublerait la gastrite et ramenerait la stupeur, la fuliginosité et la prostration; mais des aliments plus substantiels seraient nuisibles."[2])

Somit erkannte Broussais nicht blos die Nothwendigkeit, selbst noch während des Fiebers die Kranken zu nähren, sondern er gab auch offen die Möglichkeit des Todes febriler Patienten durch Inanition zu, — eine Thatsache, auf die wir hier mit den eigenen Worten dieses Arztes um so mehr aufmerksam machen, als sie bei der Kritik seiner therapeutischen Methode in der Regel vollständig ignorirt wird. Ist man doch gewöhnt, in der Broussais'schen Fieberdiätetik nichts weiter, als die reine Negation jeder Nahrung für jeden acut-febrilen Kranken zu erblicken. Schon seine Schüler und Anhänger haben die von ihm hervorgehobenen und wohl zu beherzigenden Wahrheiten sehr wenig berücksichtigt und nur den zweifellos fehlerhaften und geradezu gefährlichen Theil seiner diätetischen Lehre, die absolute Entziehung aller nährenden Kost in den sog. sthenischen Krankheiten streng befolgt; wir erinnern hier an Boisseau, Bégin, Roche, Rayer, Louis und vor Allem an Brous-

---

1) l. c. Thèse 441.
2) l. c. Thèse 336.

sais enthusiastischen Anhänger Bouillaud[1]), welcher letztere jenes
tadelnswerthe Princip in der allerextremsten Weise zur Durchführung
zu bringen suchte. Freilich trat hierdurch das Fehlerhafte der Methode nur um so klarer zu Tage, und so begann sehr bald eine
Reaction, welche energisch ein anderes diätetisches Regime forderte.
Wir werden alsbald hierauf zurückkommen.

In Deutschland lagen um jene Zeit die Verhältnisse etwas anders. Hier hatte der Broussaisismus doch nicht so tiefe Wurzeln
geschlagen, obschon von 1811—1820 auch bei uns die Antiphlogistiker dominirten und man damals Vieles für Entzündung erklärte,
was keine Entzündung war. Auch hatte die der absoluten Diät mit
zu Grunde liegende These von der Gastro-enteritis nicht in dem
Grade, wie in Frankreich zur Geltung kommen können. So erklärt
es sich, weshalb zu jener Zeit bei der Behandlung der acuten
Krankheiten das Vorenthalten jeder nährenden Speise bei uns nicht
mit jener gewaltigen Strenge geübt wurde, die der Broussaisismus
forderte. Der Hafer- und Gerstenschleim, den man als vornehmliche
Fieberdiät verordnete, war doch immerhin im Stande zu nähren,
wenn auch bei anhaltendem Fieber nach den jetzigen Ansichten
nicht in völlig ausreichender Weise. Aber weiter zu gehen, kräftiger
zu nähren, fürchtete man sich, weil man, wie schon gesagt, alsdann
eine Verstärkung des Fiebers erwartete; und auch durch Darreichung
stickstoffhaltiger Kost die bei der Entzündung angenommene erhöhte
Plasticität des Blutes zu vermehren besorgt war. Aus diesem Grunde
war auch in den hitzigen Krankheiten die Diät eigentlich immer dieselbe; eine geringe Modification trat nur ein, je nachdem das Fieber
synochal oder erethisch war. In ersterem Falle pflegte man die
Suppen etwas dünner, in letzterem dagegen concentrirter und etwas
reichlicher zu verordnen. Nur, wenn das Fieber entschieden den tor-
piden Charakter annahm, ging man zu Wein und Fleischbrühe über.
So sehen wir bis in die vierziger Jahre die ersten Autoritäten acut-
febrile Krankheiten behandeln; unter den der neuesten Zeit noch
am nächsten stehenden seien nur Schönlein[2]), Choulant[3]) und
Fuchs[4]) erwähnt, die als Fieberdiät vegetabilische Kost und indiffe-
rente Getränke anordneten. Freilich erkannten auch sie sehr wohl

1) Traité clinique et expérimental des fièvres dites essentielles par J. Bouillaud. 1826.
2) Allg. u. spec. Pathol. u. Therap. Nach Schönlein's Vorlesungen. 1834
3) Lehrbuch der spec. Pathol. u. Therap. von L. Choulant 1845—1847.
4) Fuchs, Spec. Nosologie und Therapie. 1845.

die Nothwendigkeit, unter Umständen kräftigere, animalische Nahrung zu reichen. Während Schönlein z. B. die croupöse Pneumonie mit strenger antiphlogistischer Diät — Gersten- und Haferschleim, sowie warmem Zuckerwasser — behandelte, gab er im Typhus schon nach Ablauf der ersten Woche ausser den bis dahin gereichten Schleimsuppen noch Fleischbrühe, selbst mit Eigelb. Auch Choulant verordnete nur in den ersten sieben Tagen dieser letztgenannten Krankheit Haferschleim, Mehlsuppen und verdünnte Kuhmilch, ging dann aber bei den Symptomen beginnenden Blutmangels sofort zu Bouillon von Kalbfleisch, von Tauben und Hühnern, bei sehr bedeutender Entkräftung zu Rindfleischbrühe mit Eigelb über, indem er ausdrücklich bemerkte, dass man beim Typhus im Allgemeinen nur milde, reizlose, schwach nährende Suppen reichen müsse, aber die Entziehung der Nahrung nicht allzu lange fortsetzen dürfe[1]).

Ungefähr um die nämliche Zeit war es, als Graves in Dublin mit eindringlichen Worten die auch von den britischen Aerzten noch durchgehends geübte antiphlogistische Diät verurtheilte und mit Entschiedenheit eine Ernährung der Fiebernden verlangte[2]). „Ich bin überzeugt," sagte er, „dass das Entziehungssystem oft bis zu einer gefährlichen Uebertreibung verfolgt wurde, und dass in vielen Fällen eine allzu lange fortgesetzte absolute Diät den Tod veranlasst hat." Und ferner: „Nach drei bis vier Tagen des Fiebers (bei Typhus abdominalis) verordne ich immer, den Kranken zu nähren und fahre damit fort während der ganzen Dauer der Krankheit." So gab er in den ersten Tagen des Typhus Wasser, Gerstenwasser und Molken, von da ab Haferschleim mit Zucker und Brotsuppe, die letztere dreimal täglich zu einem Esslöffel voll. Mit dem Ablauf der ersten Woche ging er trotz der Höhe des Fiebers zu Fleischbrühe über, und behielt diese, die stets in kleinen Portionen und nur einigemal täglich gereicht wurde, bis zum Ende der Krankheit bei. Man könnte erwidern, dass diese vorsichtige Art der Ernährung, wenigstens bei der Behandlung der nämlichen Krankheit, schon damals auch in Deutschland keine seltene war. Dies ist, wie wir selbst ja schon hervorgehoben, richtig; aber eine vollständige Umänderung der Ansichten über die Fieberdiät wurde doch erst durch das klar ausgesprochene Wort Graves', dass der Fiebernde genährt werden müsse, eingeleitet, weil Graves darauf hinwies, dass eine zweck-

---

1) Choulant, l. c. p. 61 u. 667.
2) Graves, Clinical lectures on the practice of medecine. Dublin 1843.

mässige Ernährung nicht blos nicht schade, sondern sogar heil-
bringend wirke. · Eine sehr wesentliche Unterstützung wurde dieser
neuen Lehre durch eine Reihe ganz vorzüglicher Arbeiten über die
Inanition zu Theil. In demselben Jahr mit der oben citirten Graves'schen Abhandlung erschienen die classischen Untersuchungen
von Chossat, die für alle nachfolgenden die Grundlage abgegeben
haben.¹) Man ersah aus ihnen, dass sehr wesentliche Symptome
der acut-febrilen Krankheiten auch bei der Inanition vorkommen,
lernte die bei fieberhaften Leiden eintretende Consumtion weit besser
schätzen und gelangte bald zu dem Schlusse, dass eine streng entziehende Diät, andauernd geübt, in der That eine sehr grosse Gefahr, nämlich die des Inanitionstodes, im Gefolge haben könne.²) —
Dazu kam, dass exacte Untersuchungen über den Fieberprocess erschienen, dass man die alte Ansicht über die Heilwirkung desselben
aufgab, dahingegen seinen aufzehrenden, deletären Charakter immer
sicherer constatirte. Es war ebenfalls im Jahre 1843, als Th. v.
Walther mit seinen vortrefflichen Abhandlungen über das Fieber
den Reigen eröffnete und den vermehrten Stoffumsatz für die Ursache
der vermehrten Wärme erklärte. Ihm folgte v. Bärensprung,
Virchow, Niemeyer, Schneider, und in neuester Zeit besonders Leyden, Huppert und Liebermeister, von denen die
letzteren die Grösse des vermehrten Stoffumsatzes mit Zahlen klar
zu legen sich bemühten³). Dass diese Arbeiten so gewichtiger Autoritäten einen grossen Einfluss auf die Ansichten der Aerzte über die
Fieberdiät haben würden, ist leicht einzusehen. Jedenfalls trugen
sie im Vereine mit den vorhin erwähnten Untersuchungen sehr wesentlich dazu bei, die Idee, dass man bei jedem Fieber eine schwä-
chende Behandlung einleiten und eine möglichst entziehende Diät
anordnen müsse, zu stürzen, dagegen aber die Ansicht aufkommen

1) Chossat, Récherches expérimentales sur l'inanition. Paris 1843.
2) Unter den einschlagenden Arbeiten seien hier erwähnt die von Bidder
und Schmidt, von Bischof, Voit, Bouchardat, Parrot, Regnault und
Reiset, Smith, Brown-Séquard und besonders die für die Praxis wichtigen
von Marotte im Bulletin de thérapeutique 1855, von Becquet in den Archives
générales de médécine 1866.
3) v. Bärensprung, Müller's Archiv 1852. — Virchow, Handbuch der
spec. Pathologie und Therapie 1854. — Leyden, Ueber die Respiration im Fieber.
Deutsches Archiv für klinische Medicin. Bd. VII. 1870. — Liebermeister,
Ueber die quantitativen Veränderungen der Kohlensäureproduction im Fieber.
Deutsches Archiv. Bd. VII. 1870. — Huppert, Ueber den Stickstoffumsatz bei
Febr. recurrens. Archiv für Heilkunde. 1869.

zu lassen, dass es nothwendig sei, für die stärkere Consumtion einen
Ersatz noch während des Fiebers zu schaffen, wenn dem nicht andere Gründe entgegen seien. So bedurfte es nur einer verhältnissmässig kurzen Zeit, um den von Graves formulirten Satz zu einem
Axiom in den Augen einer von Jahr zu Jahr zunehmenden Partei
zu machen, welche die thunlichste Ernährung der Fiebernden als
das einzig Richtige hinstellte. Ein Blick in die seit jener Zeit er-
schienenen Lehrbücher der allgemeinen und speciellen Therapie, sowie besonders in die Monographien über die Behandlung des Typhus
wird genügen, um die Thatsache des stattgehabten raschen Um-
schwunges zu constatiren[1]). Leider überschritten aber Viele im blinden Enthusiasmus für das Neue die Grenzen des Thunlichen, ohne
die Vorsicht zu üben, welche der Urheber dieser neuen Lehre für
die Darreichung der nährenden Kost als unumgänglich nothwendig
erklärt hatte. Während Graves, wie wir wissen, nicht gleich mit
dem Beginne der Krankheit die Fleischbrühe verordnete, verlangten
Andere, die den Satz to feed the fevers allzu wörtlich nahmen, dass
dieselbe von vornherein und nicht einigemal täglich zu den gewohn-
ten Esszeiten, sondern alle paar Stunden gereicht werde, und während Jener ganz dringend empfahl, die Wirkung der Fleischbrühe
insbesondere auf den Magen mit Sorgfalt zu beachten und nur dann
mit ihr fortzufahren, wenn sich kein nachtheiliger Einfluss wahr-
nehmen lasse, gingen Manche so weit, auf der Höhe des Fiebers
rohes geschabtes Fleisch und andere feste Nahrung nicht blos zu
gestatten, sondern sogar aufzudrängen.

Ein ganz ausserordentlicher Umschwung hat sich aber in den
Ansichten über die Darreichung von Spirituosen an acut-febrile
Kranke vollzogen. Während man nämlich vor gar nicht langer Zeit
dieselben ganz allgemein nur als Excitantia da gebrauchte, wo wahre
Schwäche in bedenklichem Grade sich zeigte, geben eine grosse
Zahl von Aerzten sie jetzt auch ohne Symptome von Adynamie, ja

---

1) Die erwähnenswerthesten der ausländischen Aerzte sind ausser Graves:
Murchison, Treatise on the continued fevers of great Britain 1862. — H.
Bennet, Edinb. med. Journal 1857 u. Nutrition in health and disease 1858. —
Todd u. Peacock. — Trousseau, Clinique médicale de l'hôtel de Dieu de
Paris. Band I. — Monneret, Gazette des hôpitaux 1860. Nr. 27. — Hérard,
Gazette des hôpitaux 1861. Nr. 72. — Fonssagrives, J. B., Hygiène alimen-
taire des malades, des convalescents. Paris 1861. — Jules Cyr, Traité d'alimen-
tation dans ses rapports avec la physiologie, la pathologie et la thérapeutique.
Paris 1869.

vielfach schon vom Anfang einer fieberhaften Krankheit an, weil sie
die Spirituosen auch als Nutrientia betrachten, welche theils direct
die Ernährung des im heftigen Fieber schwer bedrohten Nervensystems übernehmen, theils durch eine Verminderung des Stoffwechsels indirect zur Kräftigung des Fiebernden beitragen. Dieser
reichliche Gebrauch von Wein, Branntwein, Rum u. s. w. bei febrilen
Erkrankungen ist in England ganz an der Tagesordnung; aber es
mehren sich auch in Deutschland die Stimmen, welche die Spirituosen als wichtiges diätetisches Mittel preisen, zumal nachdem durch
eine grosse Reihe von exacten Untersuchungen festgestellt ist, dass
die Temperatur der Fiebernden durch dieselben eher herabgesetzt
als erhöht wird.[1])

So haben wir denn, wenn wir die Gegenwart betrachten, eine
noch an der althergebrachten, sogenannten entziehenden, d. h. sehr
schwach nährenden Fieberdiät festhaltende und eine dieser entgegengesetzte radicale Partei, welche eine frühzeitige und kräftige Ernährung der Fiebernden fordert. Zwischen beiden aber stehen eine
grosse Reihe der ersten Autoritäten und der bewährtesten Praktiker,
welche aus Gründen der Theorie und der Erfahrung die Mitte zu
halten bestrebt sind. Principiell wünschen sie wohl eine reichlichere
Ernährung, als es durch die hippokratische Diät möglich ist, aber sie
wollen nur nähren, so weit sie sicher sind, durch ein Darreichen
kräftigerer Kost nicht zu schaden. Sie stützen sich dabei namentlich auf die Thatsache, dass der fiebernde Organismus eine gestörte
Verdauung habe und eiweissreiche Kost doch nicht zu assimiliren
im Stande sei, aber auch darauf, dass eine reichliche Zufuhr von
Albuminaten eher eine noch höhere Steigerung des Stoffwechsels
zur Folge haben könne, und zum Theil sogar darauf, dass die Gefahr der Consumtion wenigstens bei den rascher verlaufenden Krankheiten keine grosse sei. Demzufolge reichen sie bei den sog. Entzündungskrankheiten mit localem Heerde, bei Pleuritis, Pneumonie,
Rheumatismus acutus, sowie bei den acuten Exanthemen die alte
Fieberdiät, also Gersten- und Haferschleim, warten aber mit reichlicher nährenden Stoffen nicht mehr bis zum vollständigen Nachlasse des Fiebers, sondern, wenn die Verdauungsorgane es gestatten,
nur bis zur beginnenden Defervescenz. Beim Typhus ist es Gebrauch, die Schleimsuppendiät in der Regel nur bis zum Ende der
ersten Woche durchzuführen, dann aber einigemal täglich nebenher

---

1) Siehe unten gegen Ende der Abhandlung.

Fleischbrühe von Kalbfleisch, Tauben oder Hühnern zu verordnen, die dann im weiteren Verlaufe der Krankheit durch Rindfleischbrühe ersetzt wird.

In dieser weisen Vorsicht bewegte sich, um von den vielen der gemässigten Partei angehörenden Gewährsmännern nur einige zu nennen, der jüngst verstorbene Niemeyer, der auf die Ansichten einer grossen Reihe von Aerzten von bestimmendem Einfluss gewesen ist.[1]) Für die acuten Entzündungskrankheiten empfiehlt er die wenig nährenden Schleimsuppen bis zum beginnenden Nachlasse des Fiebers, räth aber, diese Diät nicht länger auszudehnen. Sehr zu beherzigende Worte spricht er bei der diätetischen Behandlung des Typhus, indem er sagt[2]): „Wir müssen gestehen, dass diese Betrachtungen nicht zur Darreichung von Wassersuppen, sondern weit mehr zur Darreichung von Fleisch, von Milch, von Eiern auffordern, so lange nicht erwiesen ist, dass solche Diät das Fieber steigert. Auf der anderen Seite kann es aber augenscheinlich den Kranken keinen Nutzen bringen, dass wir ihnen die genannten Nahrungsmittel zuführen, wenn dieselben nicht assimilirt werden; vielmehr würde es den Kranken grossen Schaden bringen, wenn wir ihren Magen mit [Speisen füllten, welche nicht verdaut werden, spontane Zersetzungen eingehen und in Folge dessen die Magen- und Darmschleimhaut irritiren. — Aus dem Gesagten ergibt sich, dass man Typhuskranken, wenn sie sich es irgend gefallen lassen, von Anfang an mehrmals täglich in kleinen Quantitäten Milch und starke Fleischbrühe zuführen soll." In ähnlicher Weise spricht sich Köhler[3]) aus: „Als Regel muss gelten, den Kranken (Typhus) zu ernähren, so weit solches der Zustand der Verdauungsorgane gestattet, dabei Alles zu vermeiden, was eine Indigestion oder eine Steigerung des Darmkatarrhes hervorrufen könnte; da nun zumal in der ersten Zeit des Fiebers bald ein Gastricismus besteht, bald die gewöhnliche Fieberdyspepsie, bald diese ganz gering ist, so sollte durchaus keine strenge Formel aufgestellt, sondern nach den Umständen verfahren werden." Lebert[4]) verlangt als allgemeine Fieberdiät schmale Kost, kleine Mengen Milch oder Brühe und kühlende Getränke von Fruchtsäften, für die Lungenentzündung bis zum Beginne der Defer-

---

1) Lehrbuch der speciellen Pathologie und Therapie von Dr. Felix von Niemeyer. 1871.
2) l. c. Band II. S. 669.
3) Köhler, Handbuch der speciellen Therapie. 1867. S. 36.
4) Grundzüge der ärztlichen Praxis von H. Lebert. 1865. S. 569.

vesecuz fast absolute Diät, lauwarmes, reizloses Getränk und etwas Haferschleim, von da an aber eine mit dem erwachenden Appetite steigende nährende Kost. Den Typhuskranken gibt er in der ersten Woche Schleimsuppen und Milch, und empfiehlt von der dritten Woche an allmählich mit der Nahrung zu steigen und Fleischbrühe zu reichen.

Dieser gemässigten Anschauung schliessen sich auch im Wesentlichen die neuesten Autoren an, welche speciell mit Untersuchungen über den Fieberprocess sich befassten. So erklärt Liebermeister[1]) am Schlusse seiner Abhandlung über das Fieber, dass man früher in der Idee, im Fieber dürfe man nicht nähren, zu weit gegangen sei, dass aber eine reichlichere Zufuhr von Proteinsubstanzen sich verbiete, weil dieselben nicht verdaut würden und eine Steigerung des Stoffwechsels herbeiführen könnten. Es seien deshalb für Kranke mit schwerem Fieber die an Kohlehydraten reichen Nahrungsmittel in dünnflüssiger Form am meisten zu empfehlen. Je länger aber die Krankheit dauere, um so häufiger könne man Eigelb in Fleischbrühe oder Gerstenschleim eingerührt verordnen, auch sei im späteren Verlaufe die concentrirte Fleischbrühe zweckmässig. Wein und andere Alkoholica können nach Liebermeister zu jeder Zeit der fieberhaften Krankheit, insbesondere auch im Höhestadium derselben ohne alles Bedenken gereicht werden. — Auch Senator[2]), welcher den gesteigerten Eiweisszerfall für das hervorragendste Symptom des Fiebers erklärt, spricht sich dahin aus, dass man im Allgemeinen einen Ersatz der verloren gehenden Blutkörperchen und des Eiweisses überhaupt zunächst durch den Einfluss einer passend veränderten Ernährung zu erreichen sich bestreben müsse, dass man aber im Fieber durch vorzugsweise eiweissreiche Kost den Verlust an Eiweiss nicht aufhalten könne, weil durch eine derartige Diät der Zerfall des Organeiweisses nur beschleunigt werde. Vielleicht wäre der Zusatz einer geringen Menge von Eiweiss zu einer verhältnissmässig grösseren Menge von Kohlehydraten gerechtfertigt, um dem Zerfall entgegenzuwirken. Der Anwendung von Fleischbrühen in fieberhaften Krankheiten stände nicht das geringste Bedenken entgegen, da die früher gefürchtete erregende Wirkung nur eine sehr geringe sei.

---

1) Liebermeister, Handbuch der Pathologie und Therapie des Fiebers. 1875. S. 657.

2) Untersuchungen über den fieberhaften Process und seine Behandlung von H. Senator. 1873. S. 179 ff.

Dies ist die augenblickliche Sachlage. Eine Einigung über die Principien der diätetischen Behandlung in acut-fieberhaften Krankheiten ist keineswegs erreicht, ja selbst innerhalb der gemässigten Partei, welcher in Deutschland zweifellos die grösste Mehrzahl der Aerzte angehört, sind die Ansichten durchaus noch nicht in allen Punkten übereinstimmend, und noch vieler Arbeit wird es bedürfen, wenigstens über die wichtigsten Fragen die so wünschenswerthe volle Einigung herbeizuführen.

Pathologie der Verdauung.

Nach diesem kurzen historischen Rückblicke wenden wir uns nunmehr zu dem eigentlichen Thema und beginnen mit der naturgemässen Grundlage der Fieberdiätetik, nämlich mit der Pathologie des Verdauungsprocesses in den acuten Krankheiten. Dass bei fast sämmtlichen Fiebernden der Digestionsvorgang nicht in der normalen Weise stattfindet, darf als allgemein bekannt vorausgesetzt werden. Wie aber eine Diätetik für Gesunde stets auf eine genaue Kenntniss des physiologischen Verdauungsprocesses sich stützen muss und ohne Berücksichtigung dieses letzteren keinen Werth hat, so können wir auch über die Methode der diätetischen Behandlung febriler Patienten keine Regeln aufstellen, wenn wir nicht wissen, was und wie viel dieselben zu verdauen im Stande sind. Sehen wir also zu, wie der Digestionsvorgang in den acuten Krankheiten modificirt ist.

Unsere Kenntnisse über das Verhalten der Verdauungsorgane in den fraglichen Krankheiten sind im Ganzen noch recht mangelhaft. Dass in ihnen überhaupt die Verdauung gestört sei, ist auch den älteren Aerzten nicht unbekannt geblieben. Wir erinnern nur daran, mit welcher Geflissentlichkeit Celsus darauf hinweist, im Fieber jede nicht leicht verdauliche Kost fernzuhalten, und erinnern ferner an die Worte Galen's: metus est, ne ipsis phlegmone laborantibus nec nutrimentum rite concoquatur et phlegmone augeatur. Boerhave sagt geradezu: ad classem cardiacorum refero liquores qui sunt praediti facultate nutriendi corporis aegri et ita praeparati prius ut non indigeant iis motibus manducationis, digestionis gastricae atque intestinalis qui in aegris debilibus et exhaustis vel deficiunt vel nimis tarde operantur.[1]) Sydenham spricht von dem: ventriculi fermento

---

1) l. c. p. 465.

a morbo diuturniore impense vitiato.¹) Von Broussais wissen wir, dass er die Abnahme des Appetits und die Dyspepsie in den fieberhaften Leiden durch Gastro-enteritis bedingt ansah. Doch lehrte er ebensowenig wie die früheren Aerzte irgend etwas Bestimmtes über die Art der Verdanungsstörung, und erst in der neuesten Zeit finden wir thatsächliche Untersuchungen über den in Frage stehenden Gegenstand. Von Beaumont²) erfuhren wir, dass der mit einer Magenfistel behaftete canadische Jäger, an welchem er seine Beobachtungen anstellte, keinen Magensaft absonderte, wenn er Fieber hatte, dass aber alsdann die Magenschleimhaut trocken, roth und reizbar wurde. Lussana sprach sich dahin aus, dass beim Fieber die Secretion des Magensaftes ganz oder fast ganz aufhöre³); Pavy hingegen lehrte, dass selbst in sehr schweren Krankheiten, so im typhoid fever, Pepsin gebildet würde, und dass ein Infusum der Magenschleimhaut von Individuen, die an solchen Leiden gestorben wären, verdauende Kraft besitze.⁴) Schiff meinte, dass während des Fiebers die Peptogene, wie er sie nannte, im Blute nicht umgewandelt und also auch nicht in den Magendrüsen als Pepsin eliminirt würden, dass also alsdann keine Verdauung Statt habe.⁵) W. Manassein fand bei seinen Experimenten an Thieren, dass im Fieber die Säuremenge des Magensaftes der Quantität des Pepsins nicht entspreche, dass sie geringer sei, als im physiologischen Zustande.⁶) Dasselbe behauptete Hoppe-Seyler⁷) und Leube, welcher die Sonde empfahl, um Magensaft zu erhalten, fand im Allgemeinen bei Dyspepsie gleichfalls weniger Säure, als in der Norm.⁸) Liebermeister erklärte, ohne eigene Versuche anzuführen, die Störung der Verdauung daraus, dass, wie die Secretion des Speichels und der Galle, so auch die der Magensaftdrüsen im Fieber sowohl der Menge als auch der Beschaffenheit nach verändert sei.⁹) Verfasser dieser Arbeit ver-

---

1) l. c. p. 465.

2) W. Beaumont, Experiments and observations on the gastric juice and the physiology of digestion. Boston 1834.

3) Lussana, Du principe acidifiant du suc gastrique. Journal de physiologie de l'homme et des animaux. 1862.

4) Pavy, A treatise on the function of digestion. 1869.

5) Schiff, Leçons sur la phys. de digestion. 1867. 1868.

6) W. Manassein, Chem. Beiträge zur Fieberlehre. Virchow's Arch. 1872.

7) Bericht über die Versammlung der Naturforscher und Aerzte zu Rostock.

8) Leube, Therapie der Magenkrankheiten in Volkmann's Sammlung klin. Vorträge, und Bericht über die Versammlung d. Naturforscher u. Aerzte zu Graz.

9) Handbuch der Pathologie und Therapie des Fiebers. 1875. S. 498.

suchte in einer Abhandlung über die Pathologie des Verdauungsprocesses in der Ruhr[1]) die Functionsstörung der einzelnen bei der
Verdauung betheiligten Organe zu eruiren und kam zu dem Schlusse,
dass die Mundflüssigkeit in fieberhafter Dysenterie fast immer sauer
reagire, nur bei sehr hoch gesteigerter Temperatur ganz vermisst
werde, und ebenfalls nur bei hohem Fieber, sogar da nicht einmal
immer, die saccharificirende Kraft einbüsse[2]); dass bei leichtem und
mittelstarkem Fieber das Vermögen des Magensaftes, l'eptone zu
bilden, keineswegs vollständig erloschen, dass dies aber bei sehr
hohem Fieber und zumal bei adynamischen Zuständen entschieden der
Fall sei. Auch glaubte er, sich dahin aussprechen zu können, dass der
in febrilen Zuständen abgesonderte Magensaft eher mehr als weniger
Säure enthalte, dass aber das Wesentliche der Fieber-
Dyspepsie durchaus nicht in einem Plus oder Minus
der Säure liege. Leven fand bei seinen Untersuchungen an
Thieren und fiebernden Menschen, dass auch ohne vorhergehende
Einführung von Nahrung doch Magensaft abgesondert werde, dass
dies in der nämlichen Weise bei Fiebernden Statt habe, und dass
die Fieberdyspepsie vorwiegend durch verminderten Tonus der Magenmuskulatur bedingt sei.[3])

Was die pathologische Anatomie anbelangt, so sollte man denken, dass sie uns für unsere Zwecke ein werthvolles Material liefere.
Jedoch hat auch sie wenig Bestimmtes in Bezug auf die Veränderungen der Digestionsorgane in den acuten Krankheiten zu Tage
gefördert. Hoffmann[4]) zeigte, dass namentlich im Abdominaltyphus die Speicheldrüsen parenchymatös degeneriren, dass sie im
Anfang bei braungelber Farbe derb und fest, allmählich aber wieder
röthlicher und weicher sich präsentiren. Liebermeister[5]) constatirte die nämliche Degeneration bei der Leber in allen Krankheiten von langer Dauer und hohem Fieber, insbesondere bei Typhus,

---

1) Deutsches Archiv für klinische Medicin. Bd. XIV. 1874.

2) Schon vorher hatte Mosler (Untersuchungen über die Beschaffenheit des
Parotidensecretes etc. in „Berliner klinische Wochenschrift 1866") gefunden, dass
der Speichel bei Typhus meist sauer sei.

3) Allg. med. Centralzeitung. 1875. 62. Stück. Bericht über die Sitzung
der Société de Biologie. Paris 1875.

4) C. E. F. Hoffmann, Untersuchungen über die pathologisch-anatomischen
Veränderungen beim Abdominaltyphus. Leipzig 1869.

5) Liebermeister, Ueber die Wirkungen der febrilen Temperatursteigerung.
Deutsches Archiv für klinische Medicin. Bd. I. 1866 und Idem, Beiträge zur
pathologischen Anatomie und Klinik der Leberkrankheiten. 1864.

Variola, Scharlach, Pyämie, Puerperalfieber, Pneumonie, Rheumatismus acutus, Meningitis cerebrospinalis epidemica, acuter Miliartuberculose, und führte diese Veränderung auf die deletäre Wirkung der gesteigerten Bluthitze zurück. Klebs[1]) fand die parenchymatöse Trübung der Magensaftdrüsen als bei schweren acuten Krankheiten ungemein häufig vorkommend und behauptete, dass gerade die Magenschleimhaut am allerleichtesten in dieser Weise entarte, und dass daraus die frühzeitige intensive Digestionsstörung bei fieberhaften Krankheiten herzuleiten sei.

Es leuchtet ein, dass diese unsere Kenntnisse über die pathologisch-anatomische und functionelle Alteration der Digestionsorgane noch keineswegs genügen, um eine einigermaassen sichere Basis für die Fieberdiätetik abzugeben. Es liegt nun der Gedanke nahe, weitere Belehrung an lebenden, künstlich in Fieberzustand versetzten, oder überhaupt an fiebernden Thieren zu suchen; doch hat es, wie schon Manasseïn hervorhob, sein Missliches, die so gewonnenen Resultate auf menschliche Zustände zu übertragen. Jedenfalls dürften derartige Resultate nicht geeignet sein, eine Grundlage für die Methode der diätetischen Behandlung von Menschen zu liefern. Aus diesem Grunde erschien es uns nothwendig, an fiebernden Kranken selbst die Beobachtungen anzustellen.

Die Untersuchung des Speichels, beziehungsweise der saccharificirenden Kraft desselben, hat keine nennenswerthen Schwierigkeiten, insofern es sich ja nur um die Mundflüssigkeit im Allgemeinen handelt und diese direct geprüft werden kann. Schwieriger dagegen ist die Untersuchung der übrigen Verdauungssäfte. Den Mageninhalt fiebernder Menschen durch die Sonde zu entleeren und dann zu untersuchen, wie dies ja empfohlen wurde, ist einestheils bei sehr vielen Patienten gar nicht oder nur sehr schwer zu bewerkstelligen, wir erinnern blos an Kinder, soporös Darniederliegende u. s. w., anderentheils gerade in acut-fieberhaften Zuständen durchaus nicht ohne jeden Nachtheil. Dahingegen lässt sich das spontane oder durch Arzneimittel (wenn die Indication zu deren Darreichung vorlag) hervorgerufene Erbrechen Fiebernder mit ganz besonderem Vortheil für unseren Zweck, den der Eruirung des Verdauungsvermögens, verwerthen. Wenn man sich die Mühe gibt, Alles in fieberhaften Krankheiten Erbrochene regelrecht zu untersuchen, so bekommt man im Laufe der Zeit ein Material, welches vollkommen genügen dürfte,

---

1) Klebs, Pathologische Anatomie. S. 174.

um Klarheit darüber zu schaffen, ob, und resp. was ein Fiebernder zu verdauen im Stande ist. Denn ist das Erbrechen während der acuten Krankheiten schon bei Erwachsenen gar nicht so selten, so gehört es bei fiebernden Kindern zu den allergewöhnlichsten Erscheinungen des Beginnes, aber auch des ferneren Verlaufes febriler Zustände. Unter den Kindern liefern aber die Säuglinge unstreitig das brauchbarste Material; bei ihnen ist das Erbrechen auch in völlig gesunden Tagen durchaus nichts Seltenes, also jede Abweichung von der gewöhnlichen Beschaffenheit des Erbrochenen sehr leicht zu constatiren; auch lässt sich bei ihnen durch die fäcalen Entleerungen eine Controle der Umwandlungen, welche das Genossene im Digestionstractus erlitten hat, ungleich leichter als bei Erwachsenen führen; ihr Nahrungsbedürfniss ist nicht durch irgend welche ausserinstinctive Vorstellungen beeinflusst, und ihre acuten Leiden sind reiner, weniger complicirt, als dies im späteren Alter der Fall ist.

Was die Gallenabsonderung betrifft, so waren wir in der günstigen Lage, ihr Verhalten bei zwei mit Gallenfisteln behafteten und erkrankten Individuen studiren zu können.[1]) Im Uebrigen lassen sich hinsichtlich dieses Secretes, wie auch des Bauchspeicheldrüsen- und des Darmsaftes, wenn gleich nur in einem ziemlich beschränkten Maasse, aus den fäcalen Entleerungen Schlüsse ziehen, welche man, wenn das Glück will, ab und zu durch Beobachtungen an Individuen, die mit einer Darmfistel behaftet, fieberhaft erkrankten, controliren und ergänzen kann. Schliesslich sei erwähnt, dass noch ein anderer Weg empfohlen und bereits eingeschlagen wurde, um über das Verdauungsvermögen in krankhaften Zuständen Gewissheit zu erlangen, nämlich der, nach dem Tode die betreffenden Drüsensecrete zu extrahiren und dann zu weiteren Versuchen hinsichtlich ihrer Wirkung zu benutzen. Wir geben die Wichtigkeit derartiger Untersuchungen zu, und bedauern um so mehr, dass wir nur bei einer verhältnissmässig nicht bedeutenden Zahl von Sectionen, von diesem Mittel, die Kenntnisse zu erweitern, Gebrauch machen konnten.

Alle Beobachtungen lehren nun, dass die Störung des Verdauungsprocesses in den hitzigen Krankheiten durchaus nicht immer die nämliche ist. Die Art und das Stadium der Krankheit, die

---

1) Bezüglich des einen Falles vergl. des Verfassers S. 26 citirte Arbeit „über die Störung des Verdauungsprocesses in der Ruhr".

Höhe des Fiebers, die allgemeine Constitution des Patienten, zufällige Indigestionen unmittelbar vor dem Beginne der Krankheit, unzweckmässiges diätetisches Verhalten während derselben, aber auch die gereichten Medicamente üben einen grossen Einfluss in Bezug auf die Art und den Grad der Digestionsstörung aus, so dass jeder Fall für sich betrachtet werden muss. Trotzdem aber lassen sich aus der Menge einzelner Beobachtungen gewisse allgemeine Sätze hinsichtlich der Alteration der Verdauung gewinnen, und dies ist für den praktischen Zweck, den wir im Auge haben, von grossem Belange.

Es ist bekannt, dass in den meisten acuten Krankheiten mit irgend erheblichem Fieber die Ab- und Aussonderungen des Körpers vermindert werden. Die Nase wird trocken, die Thränensecretion lässt nach — beides bei Kindern so äusserst wichtige diagnostische und prognostische Zeichen — der Urin wird sparsamer, Geschwüre trocknen, Ausschlag verschwindet. So wird auch im Fieber die Menge der Verdauungssäfte verringert, wie wir weiter unten sehen werden. Aber dieselben erweisen sich gleichzeitig in ihrer chemischen Constitution mehr oder weniger verändert. Aus beiden in der Regel zusammentreffenden Gründen wird das Verdauungsvermögen der febrilen Kranken entweder ganz aufgehoben oder doch wenigstens geschwächt. Ist der Anfang der acuten Krankheit stürmisch, so entwickelt sich im Allgemeinen die Störung des Verdauungsvermögens ebenfalls rasch, ist er dagegen langsamer, so wird auch in der Regel jene Störung sich weniger rasch ausbilden. Mit der längeren Dauer des Leidens stellt sich selbst bei noch anhaltendem Fieber die Fähigkeit zu verdauen, allmählich wieder her, während dies in den rascher verlaufenden acuten Krankheiten meistens mit der Defervescenz zusammenfällt, wenn nicht besondere Complicationen es verhindern. In fast allen Fällen aber bleibt, so lange noch Fieber fortbesteht, und selbst darüber hinaus, eine bald grössere, bald geringere Empfindlichkeit der Verdauungsorgane in Bezug auf die Menge und die Beschaffenheit der Nahrung zurück, ein Moment das um so mehr zu berücksichtigen ist, als gerade die von dem Digestionstractus ausgehenden Reizungen nicht selten das Fieber verlängern oder wieder aufschnellen machen und so zu einem lästigen und verderblichen circulus vitiosus die Veranlassung abgeben [1]).

---

1) Es ist dies besonders beim Typhus und bei allen Krankheiten zu beobachten, die auf der Darmmucosa sich localisiren, oder mit einem Katarrh derselben sich compliciren.

Die Thatsache, dass Patienten mit nicht sehr rasch verlaufenden Krankheiten trotz eines anhaltend hohen Fiebers dennoch nach Ablauf einer gewissen Zeit wieder die Fähigkeit erlangen, eine Nahrung zu verdauen, welche sie im Anfang bei vielleicht gar nicht höherem Fieber nicht verdauen konnten, dürfte von Niemandem bezweifelt werden, der mit dem Thermometer in der Hand desfallsige Untersuchungen anstellt. Bei` der lobulären Pneumonie der Säuglinge, die sich ja so oft in die Länge zieht, sieht man verhältnissmässig sehr häufig, wenn ein zehn- bis zwölftägiger Zeitraum verflossen ist, bei noch hochstehendem Fieber die Faeces vollständig wieder normal werden, so dass man an der Wiederherstellung des im ersten Stadium erheblich alterirten Verdauungsvermögens nicht mehr zweifeln kann. Gar nicht selten beginnt bei den fieberhaften, aus Entzündungszuständen .der Lunge herzuleitenden Erkrankungen Tuberculöser, wenn nur übrigens ihre Digestionsorgane noch intact waren, nach dem Ablauf eines Stadiums ganz oder fast ganz geschwundenen Verdauungsvermögens das letztere trotz eines sich völlig gleichbleibenden Fiebers allmählich sich zu bessern und bisweilen sogar bis zu dem Grade, dass consistente Nahrung, Fleisch und Eier etc. ohne alle Beschwerde assimilirt werden. Ja es gibt schwere Typhusfälle, in denen während des amphibolen Stadiums und bei einem der Acme nahe oder gleich kommenden Fieber doch der Appetit sich zu regen und das Digestionsvermögen sich wiederherzustellen beginnt, ehe von einer Defervescenz nur die Rede sein kann.

1. Das Verhalten des Speichels.

Was die einzelnen Verdauungssäfte anbelangt, so ist über die Mundflüssigkeit[1]) Folgendes zu sagen: Sie ist in acut-fieberhaften Krankheiten quantitativ und qualitativ verändert. Bei leichteren Graden der febrilen Erregung ist die Abweichung von der Norm allerdings kaum in die

---

1) Anmerkung: Die Untersuchungsmethode bedarf keiner eingehenden Erörterung. Die Reaction wird im Munde selbst, erforderlichen Falls nach vorheriger Reinigung desselben, geprüft. Um die verdauende Kraft zu studiren, führten wir Tüllstreifen, die auf beiden Seiten mit Stärkekleister bestrichen und dann getrocknet waren, in den Mund, forderten den Patienten auf, Bewegungen mit der Zunge, wie beim Kauen, zu machen, merkten die Zeitdauer des Verweilens im Munde an und untersuchten dann auf Zucker mit Fehling'scher Lösung oder anderen Reagentien.

Augen fallend; sobald aber das Fieber sich steigert, tritt sie in charakteristischer Weise hervor. Die Menge nimmt ab, Zunge und Gaumen werden trockner, wenn schon dies letztere nicht lediglich von dem sparsameren Speichel abhängt, und oft können die Patienten auf Zureden nur noch unbedeutende Quantitäten durch Bewegen der Zunge zusammenbringen. In sehr hohem Fieber besteht häufig absolute Trockenheit des Mundes, also ein gänzlicher Mangel von Speichel. Nur selten findet bei beträchtlicher Temperatursteigerung eine Zunahme der Mundflüssigkeit statt. Wir denken dabei nicht an fieberhafte Stomatitis oder Angina, bei denen dies allerdings auch der Fall ist. Aber wir hatten mehrmals Gelegenheit, auf der Höhe des Abdominaltyphus eine beträchtliche, weit über das Maass der bei Gesunden vorkommenden Menge, hinaus gehende Speichelabsonderung wahrzunehmen. Alle diese Fälle waren mit schweren cerebralen Erscheinungen complicirt, und der eine, welcher einen 16jährigen Lithographen betraf, endete sogar mit einer mehrere Monate andauernden Psychopathie. Der letzte dieser Fälle wurde im verflossenen Herbst ˙ beobachtet. Eine 23jährige Frau erkrankte an Abdominaltyphus, begann am 10. Tage zu deliriren, bekam stark injicirte Augapfel und am 13. Tage bei einer Temperatur von Morg. 39,7 und Ab. 40,3 binnen acht bis zwölf Stunden, nachdem sie vorher eine weissbelegte, fast trockne Zunge gehabt, eine profuse, zu stetem Spucken nöthigende Speichelabsonderung, die volle drei Tage in dieser Weise anhielt, und dann allmählich nachliess.

Hinsichtlich der Beschaffenheit des Fieberspeichels ist zunächst zu bemerken, dass derselbe in der Regel zäher, dicklicher, trüber erscheint, als in der Norm. Mikroskopisch betrachtet zeigt er ungleich weniger Speichelkörperchen, die erst mit der Abnahme des Fiebers wieder zahlreicher werden, massenhafte Epithelien und Pilze, so wie feine Molecularkörperchen, von denen in den ersten Stadien der acut-febrilen Krankheiten die durch Kali, in den späteren Stadien die durch Aether sich lösenden die Mehrzahl auszumachen scheinen. Das Auffallendste am Fieberspeichel ist seine saure Reaction, die auch nach vorheriger sorgfältiger Reinigung des Mundes sich einstellt. Schon im Anfang der Krankheit bemerkbar, steigert sie sich auf der Höhe derselben und hört erst mit dem Nachlass oder gänzlichen Verschwinden des Fiebers wieder auf. Allerdings gibt es zahlreiche Fälle, in denen ein neutral oder sogar alkalisch reagirender Speichel beobachtet wird, beispielweise scheint in katarrhalischen Pneumonien dies häufig der Fall zu sein; aber im Grossen

und Ganzen bleibt doch obige Regel für alle acut-febrile Krankheiten
bestehen. Was die Säure anbelangt, so konnten in einzelnen Fällen,
in denen eine einigermaassen beträchtliche Menge von Mundflüssigkeit zu erhalten war, Essigsäure, in anderen Milchsäure nachgewiesen
werden. — Einen Gehalt an Rhodankalium vermochten die Reagentien: Eisenchlorid und Guajactinctur mit schwefelsaurem Kupfer nur
selten zu constatiren, auch liess sich trotz äusserst zahlreicher Untersuchungen nicht feststellen, unter welchen Bedingungen im Fieber
dies Salz dem Speichel erhalten bleibt.

Was nun das Saccharificationsvermögen betrifft, so ist dasselbe
in allen fieberhaften Krankheiten mit unbedeutender oder mittelhoher
Temperatursteigerung zweifellos erhalten, bei hohem Fieber nicht
immer erhalten, bei sehr hohem Fieber und besonders bei andauernd
adynamischen Zuständen fast immer erloschen. Die schon früher vom
Verfasser hervorgehobene Thatsache, dass mitunter in mittelschwerem
Fieber die Zuckerbildung mittelst der Mundflüssigkeit noch rascher
als in der Norm vor sich gehe, liess sich mehrfach aufs Neue constatiren.   .

FALL 1.

Friedrich B., 23 Jahr alt, erkrankte im Juli 1875 an Abdominaltyphus. Mittelschwerer, regelmässiger Verlauf; höchste Abendtemperatur
$40,1^0$. Vom ersten Tage der Behandlung an bis zum 20., an welchem
auch die Abendtemperatur die normale war, reagirte die Mundflüssigkeit
sauer, von da an neutral oder alkalisch. Während der ganzen Dauer
der Krankheit war das Saccharificationsvermögen erhalten.

FALL 2.

Louis O., $16^3/_4$ Jahr alt (vgl. Fall 12), Abdominaltyphus mit starkem Fieber und anhaltender Apepsie. Mundflüssigkeit schon am 3. Tage
sehr sparsam, vom 8. bis zum 16. fast Null, stets sehr sauer reagirend.
Das Zuckerbildungsvermögen war bis zum 8. Tage incl. zu constatiren;
am 9. Tage war das Resultat negativ, vielleicht weil zu wenig Speichel
vorhanden; am 10. Tage konnte Zuckerbildung in geringem Grade nachgewiesen werden, auch war an diesem Tage etwas mehr Speichel da.
(Fiebernachlass nach Chinin, auch an dem nämlichen Tage keine vollständige Apepsie.) Am 11. Tage schwache Zuckerreaction; dieselbe war
von da an aber täglich in steigender Intensität zu constatiren.

FALL 3.

Caroline W., 5 Jahre alt. Mittelschwerer Abdominaltyphus, Temperatur niemals $39,8^0$ übersteigend. Am 3. Tage neutraler, von da an
intensiv saurer Speichel, der in seiner Menge nicht überaus vermindert

war. Das Zuckerbildungsvermögen konnte an allen Tagen in bestimmter Weise constatirt werden.

FALL 4.

F r a u M., 36 Jahre alt. Pneumonie rechts unten. Acuter Beginn, Temperatur niemals 39,8° übersteigend. Defervescenz am 7. Tage. Speichel sehr vermindert, besonders am 5. Tage, bei allen Untersuchungen sich intensiv sauer erweisend, aber zur Zuckerbildung befähigt.

FALL 5.

F r a u J o h a n n e N., 70 Jahre alt. Pneumonie links oben. Sehr acuter Beginn, hohes Fieber, Temperatur am Abend des 4. Tages 40,7°; am 5. Tage Collaps mit bleibender hochgradiger Schwäche; am 7. Tage Tod. Am 1., 2., 3., 4. Tage saurer Speichel mit saccharificirender Kraft; am Abend des 5. Tages kein trockner Mund, das Vermögen, Zucker zu bilden, nicht vorhanden, desgleichen am 6. und am Morgen des 7. Tages.

FALL 6.

S c h n e i d e r m e i s t e r B., 63 Jahre alt. Dysenterie. Mittelschwerer Verlauf; Genesung nach 13 Tagen. In der ganzen Zeit dickbelegte Zunge, sehr verminderte Speichelmenge; saure Reaction, vollständig erhaltenes Zuckerbildungsvermögen an allen Tagen.

FALL 7.

G e o r g W., 1 Jahr alt, noch an der Brust. Dysenterie. Sehr schwerer Verlauf bei hochgradigem Fieber. Am 9. Tage tritt heftiger Bronchialkatarrh hinzu, am 10. Tage grosse Schwäche, kühle Extremitäten, am 11. Tage Tod. Reaction der Mundflüssigkeit stets intensiv sauer, die Fähigkeit, Zucker zu bilden, noch am 9. Tage constatirt, am 10. Abends nicht mehr vorhanden.

FALL 8.

A l b e r t H., 12 Jahre alt. Rheumatismus acutus. Mittelschwerer Verlauf ohne Complicationen, Fieber 39,9° nicht übersteigend, Genesung nach 14 Tagen. Speichel vom 5.—10. Tage sehr vermindert, aber an allen Tagen bis zum 13. sauer reagirend, am 14. neutral. Saccharificationsvermögen stets erhalten.

FALL 9.

H e i n r i c h Th., 3 Jahre alt, erkrankt an Scharlach und Diphtheritis. Schwerer Verlauf. Mundflüssigkeit nie ganz geschwunden, dagegen bedeutend verringert. Vom 2. bis zum 12. Tage intensiv saure Reaction bei erhaltenem Zuckerbildungsvermögen.

FALL 10.

Oeconom W., 34 Jahre alt. Katarrhalische Pneumonie mit nicht
sehr heftigem Fieber, grossem Schwächegefühl, gänzlich fehlendem Appetite, stark belegter Zunge. Patient, auf dem Lande wohnend, wurde in
Bezug auf die Mundflüssigkeit alle 2 bis 3 Tage untersucht. Der Speichel reagirte stets neutral oder alkalisch, nur einmal schwach sauer, war
in seiner Menge nicht sehr beträchtlich vermindert. Das Saccharificationsvermögen war an allen Tagen der bis zum Ablauf der dritten Woche
fieberhaften Krankheit erhalten. — [1]

2. Das Verdauungsvermögen des Magens.

Es ist die Function des Magens, einen für die Verdauung von
Eiweisskörpern geeigneten Saft in der nöthigen Menge abzusondern,
das Genossene zunächst durch die Contractionen seiner musculösen
Wandungen zu verarbeiten und mit jenem Safte zu vermengen, alsdann aber es zu gehöriger Zeit durch den Pylorus zu befördern.
Zu den Obliegenheiten des Magens gehört aber zweifellos auch noch
die Resorption einzelner Theile des Genossenen. Es fragt sich nun,
ob alle diese einem gesunden Magen zukommenden Fähigkeiten in
den acut-fieberhaften Krankheiten erhalten sind, oder nicht.

Zunächst ist zu constatiren, dass in diesen Krankheiten der
Regel nach ein Magensaft abgesondert wird, der im Stande ist,
Peptone zu bilden, und dass nur in einer Minderzahl von Fällen
unter besonderen noch näher zu bestimmenden Umständen eine völ-
lige Sistirung dieser Secretion eintritt. Ausserordentlich zahlreiche
Untersuchungen haben uns die Richtigkeit der eben ausgesprochenen
Behauptung so bestimmt und immer auf's Neue wieder dargethan,
dass hinsichtlich des Verhaltens dieser Function während fieberhafter
Krankheiten im Allgemeinen kein Zweifel mehr bleiben dürfte. In
keinem Falle weniger bedeutenden oder mittelhohen Fiebers ist,
wenn nicht eine zufällige Complication mit einer durch unrichtige
Diät erzeugten Gastritis besteht, die Absonderung von peptonisiren-

---

[1] Zu vergleichen ist noch die erst während der Fertigstellung dieser Arbeit
mir zugehende Abhandlung von Korowin: „Zur Frage über die Assimilation der
stärkemehlhaltigen Speisen bei Säuglingen" im Journal für Kinderkrankheiten,
Band VIII. S. 381 ff., weil auch hier einzelne Fälle von fieberhafter Erkrankung der Säuglinge, wie Pneumonie, Erysipelas, mitgetheilt werden. Hatten die
Kinder die ersten Wochen ihres Lebens hinter sich, so war das Saccharificationsvermögen des Speichels, resp. des Aufgusses der Ohrspeicheldrüse auch in den
fieberhaften Leiden zu constatiren. —

dem Magensaft aufgehoben, selbst nicht auf der Höhe der Krankheit, und es bedarf erst einer sehr beträchtlichen Temperatursteigerung, um eine vollständige Sistirung eintreten zu sehen: Bei den
acuten Exanthemen, wenn sie ohne malignen Charakter verlaufen,
bei acuter Bronchitis, bei lobulärer Pneumonie, bei weniger heftigen
croupösen Pneumonien, bei den milden Formen des Typhus kann
man im Erbrochenen, in welchem man nach der Zeit, die das Genossene im Magen verweilte und nach der Beschaffenheit desselben
Peptone erwarten darf, dieselben sicherlich während des ganzen
Verlaufes der betreffenden Krankheit auffinden. Beginnt dieselbe
jedoch sehr stürmisch, wie bei höchst acuter Gastritis, bei acuter
Peritonitis, bei vielen Pneumonien, bei Meningitis der Convexität,
so findet man im Erbrochenen keine Peptone oder doch nur äusserst
minutiöse Spuren; bei sehr schwerem Typhus, dessen hochgradiges
Fieber nur geringe Remissionen von Abend zu Morgen zeigt, ist
ebenfalls auf der Höhe der Krankheit für eine kürzere oder längere
Zeit die Absonderung von peptonisirendem Magensaft erloschen.
Dasselbe ist der Fall bei andauernd schweren adynamischen Zuständen, beispielsweise bei den meisten biliösen Pneumonien, im letzten
Stadium der malignen Formen von Dysenterie, sowie vieler Pneumonien des Greisen- und kindlichen Alters. Somit ist entweder ein
sehr stürmischer Beginn, oder ein hochgradiger Schwächezustand,
oder eine sehr hohe, nicht rasch vorübergehende Bluthitze nöthig,
um eine vollständige Sistirung der Absonderung verdauenden Magensaftes zu bedingen. Ob eine bestimmte Temperaturerhöhung ein für
allemal diese Sistirung zur Folge hat, lässt sich aus den bisherigen
Beobachtungen mit Sicherheit noch nicht entnehmen; gewiss ist die
Resistenz der einzelnen Individuen auch nach dieser Richtung hin eine
verschiedene. Das aber dürfte nicht ohne Werth sein, hervorzuheben,
dass wir vielfach bei keineswegs leichten Typhusfällen auf der Höhe
der Krankheit, bei einer Temperatur von Morgens 39° und Abends
von 39,8 bis 40°, gegebenen Falles im Erbrochenen Peptone, wenn
auch in nicht beträchtlicher Menge, nachzuweisen im Stande waren.
Was an der Stelle des Magensaftes in allen solchen Fällen abgesondert wird, ist eine stark mucinhaltige Flüssigkeit, die meistens alkalisch oder neutral, mitunter durch Essigsäure oder andere dem normalen Magensafte fremde Säuren sauer reagirt.

Wie kommt es aber, dass in den meisten Fällen ein zur Bildung
von Peptonen geeigneter Magensaft abgesondert wird und dennoch
so hochgradige Dyspepsie besteht? Die Antwort auf diese Frage ist

keineswegs leicht. Man hat behauptet, das Wesentliche dieser Fieberdyspepsie sei der zu geringe Säuregehalt des in febrilen Zuständen
secernirten Saftes. Ob diese Thatsache vollkommen richtig ist, werden wir gleich weiter prüfen. Jedenfalls liegt in dem etwaigen
Minus an Salzsäure nicht das Wesentliche, da man dann durch
Darreichung von verdünnter Salzsäure den dyspeptischen Zustand
heben könnte, was doch nicht der Fall ist. Damit soll selbstverständlich nicht gesagt sein, dass ein zu geringer Säuregehalt für die Verdauung auch der Fiebernden irrelevant sei. Aber wir meinen, dass
derjenige Zustand, den man ohne genaue Analyse bisher Fieberdyspepsie genannt hat, noch etwas ganz anderes, beziehungsweise
viel mehr bedeutet, als eine blosse Abweichung hinsichtlich des Ge-
haltes an Säure im Magensafte. Dass eine solche Abweichung besteht, wollen wir keineswegs leugnen. Es ist aber hervorzuheben,
dass im Fieber sowohl nach dem Genuss von Milch, als von Fleischbrühe und Getreidemehlsuppen, also von Nahrungsmitteln, die ver-
schiedenartige Proteïnstoffe enthalten, Peptone in dem Erbrochenen gefunden werden. Damit ist klar, dass der Säuregehalt von dem Durch-
schnittssatze sich nicht sehr weit entfernt halten kann. Bemerkenswerth ist jedoch, dass die Milch in febrilen Krankheiten in der Regel
rascher und in grösseren derberen Klumpen gerinnt, als in gesunden
Zuständen. Wir haben früher diese für die Fieberdiätetik ausserordentlich wichtige Thatsache mit als einen Beweis des grösseren
Säuregehaltes angeführt. Ob dies für alle Fälle mit Recht geschehen,
ist uns nach den neuerdings gemachten und weiter unten angeführ-
ten Beobachtungen doch zweifelhaft geworden. Es gibt unstreitig
Fälle, in denen der Säuregehalt des Erbrochenen, ja der Salzsäuregehalt desselben, den Satz 0,2 % überschreitet; wir verweisen hinsichtlich dieses Punktes nur auf Fall 30. Wir müssen aber zugeben, und insofern früheren Behauptungen gegenüber eine Conces-
sion machen, dass in der Mehrzahl acuter Krankheiten der Salzsäuregehalt des Erbrochenen nicht voll so bedeutend ist, wie in
gesunden Zuständen. Einen sehr erheblichen Unterschied von dem
Normalsatze haben wir freilich selten gefunden, so dass sich der
Gedanke immer wieder aufdrängte, ob nicht die Verminderung der
Menge des Magensaftes die Hauptsache und der geringere Säuregehalt, wenn er vorhanden, dadurch erzeugt sei, dass bei unbedeutender Zufuhr desselben eine Verdünnung durch anderweitige Flüssigkeiten oder eine theilweise Neutralisirung stattfand. Denn darüber
kann wohl kein Zweifel obwalten, dass im Fieber in der That eine

geringere Quantität Magensaft secernirt wird. Schon a priori ist angesichts der Verminderung fast aller übrigen Secrete anzunehmen, dass auch der Magensaft in geringerer Menge erscheinen werde, und dies um so mehr, als zwischen einer gänzlichen Sistirung, wie sie thatsächlich in sehr hohem Fieber stattfindet, und der normalen Secretion doch sicherlich Zwischenstufen existiren werden. Dazu kommt, dass verschiedene Experimentatoren eine Verminderung der Menge constatirt haben; es sei hier an L u s s a n a und an L e v e n erinnert, von denen der erstere eine Verminderung oder völlige Sistirung, der letztere eine Verminderung annimmt.[1]) Es gibt aber auch Fälle, welche dies direct, und zwar am fiebernden Menschen, zu beweisen scheinen.

Fall 11.

A r t h u r F., $3^{1/2}$ Jahr, Sohn des Pr.-Lieut. F., erkrankte Morgens unter erheblichem Fieber, trank gegen 11 Uhr ziemlich hastig eine kleine Tasse Milch, legte sich nieder, ass Mittags gegen 1 Uhr auf Zureden der Eltern ungefähr einen Esslöffel voll gehackten rohen Fleisches, und schlief dann, ohne Etwas getrunken zu haben, ein. Er wachte aber bald auf, wurde sehr unruhig, bekam ein sehr heisses, hochgeröthetes Gesicht und schlagende Carotiden. Zwischen 5 und 6 Uhr wurde ich zugezogen, als das Fieber eine Höhe von reichlich 40⁰ erreicht hatte. Die verordnete Rad. Ipecacuanhae brachte heraus: eine 20 Grm. haltende (sehr sauer reagirende Flüssigkeit und ein 6 bis 7 Cm. langes daumendickes Stück derb geronnener Milch, auf dem das rohe Fleisch fest aufgelagert sich fand. Die saure Flüssigkeit enthielt Peptone, von dem Fleische erschien nur die äusserste Lage in der Dicke von kaum einem Millimeter in einer schmutzig-gelblichen Farbe, während das tieferliegende seine rothe Farbe behalten hatte. Die äussere gelbliche Schicht enthielt Primitivbündel, deren Contouren kaum noch zu erkennen waren und in denen man weder von Längs- noch von Querstreifung das Geringste wahrnahm.

In diesem Falle bleibt kaum etwas anderes übrig, als einer Verminderung der Menge des Magensaftes es zuzuschreiben, dass in dem verhältnissmässig langen Zeitraum die Verdauung nicht tiefer eingedrungen war, da sie doch thatsächlich Peptone gebildet hatte.

Zur Fieberdyspepsie gehört aber noch etwas Anderes, und zwar sehr Wesentliches, das ist d i e g e s t e i g e r t e R e i z b a r k e i t d e r M a g e n s c h l e i m h a u t. Wer fiebernde Kinder, besonders Säuglinge beobachtet hat, wird wissen, dass sie oft erbrechen, wenn sie das Genossene kaum im Magen haben, ja wenn sie noch im Saugen sind. Hier, wo der Magensaft eine wesentliche Veränderung des Genosse-

---

1) desgl. W i l s o n F o x, The diseases of the stomach. 1872.

nen noch nicht hervorgebracht haben konnte, bleibt nichts weiter
übrig, als eine gesteigerte Empfindlichkeit der sensibeln Schleimhaut-
nerven anzunehmen. Diese Hyperästhesie ist bei den· acuten Krankheiten der Erwachsenen ebenso gut vorhanden, nur erzeugt sie
wegen der geringeren Reflexerregbarkeit bei ihnen nicht so leicht
Erbrechen. Sie ist es aber, welche es erklärlich macht, weshalb an
und für sich ganz unbedeutende Reize, mögen dieselben durch die
Qualität oder die Quantität des Genossenen bedingt sein, so ausnehmend schwere Benachtheiligungen des Patienten hervorzurufen
vermögen, wie wir sie in einer Erhöhung des Fiebers oder in einer
Verschlechterung des schon gestörten Verdauungsvermögens thatsächlich so oft zu Tage treten sehen. Dem Grade nach äusserst
verschieden bei den einzelnen Kranken und stets des Arztes höchste
Vorsicht und Geduld herausfordernd, findet sie sich vorwiegend bei
fiebernden anämischen Individuen, in puerperalen Zuständen, bei
localen Erkrankungen im Abdomen, bei Peritonitis, bei Gastro-enteritis, bei Typhlitis, bei Dysenterie und endlich sehr häufig
nach unvorsichtiger Darreichung von Medicamenten.
Es ist anzunehmen, dass bei diesen Vorgängen die von Heidenhain
nachgewiesene erhöhte Erregbarkeit der vasomotorischen Nerven bei
Fiebernden, welche ja Senator bei den Gefässen der Haut gleichfalls constatiren konnte, eine nicht unwesentliche Rolle spielt.

In Bezug auf das Verhalten der Magenmuskulatur ist schon
darauf hingewiesen, dass sehr häufig durch reflectorische Erregung
kräftige antiperistaltische Contractionen stattfinden und Erbrechen
hervorrufen. Bei hohem Fieber und hochgradiger Schwäche scheint
die Muskulatur in einen atonischen Zustand zu gerathen, dessen
Ursache in fehlerhafter Innervation oder in veränderter anatomischer
Structur der glatten Muskelfasern liegen kann, dessen thatsächliches
Vorkommen aber daraus erschlossen werden darf, dass selbst leicht
den Magen passirende Nahrungsstoffe im hohen Fieber oft ungewöhn-
lich lange in ihm verweilen. Wir kennen analoge Zustände bei anderen muskulösen Organen in denselben Krankheiten, z. B. bei der
Harnblase, bei dem Darme, bei den Gefässen. Ob auch in weniger
hochgradigem Fieber eine Erschlaffung der Magenmuskulatur, in verhältnissmässig nicht so ausgeprägter Weise, besteht, darüber lässt sich
schwer etwas bestimmtes sagen. Bei manchen Patienten findet sich
ein Gefühl von Druck und Oppression nach jeder etwas consistenteren
Nahrung, bei anderen mit ebenso hohem Fieber findet das nicht statt.
Keinenfalls aber darf dieser Mangel an Tonus, so sehr er auch gerade

bei unregelmässigem diätetischem Verhalten in die Waage fällt, bei jedem Fieber als in hervorragender Weise vorhanden angenommen und als das alleinige oder doch hauptsächlichste Moment der febrilen Dyspepsie angesehen werden. Nur zu leicht könnten wir bei einer solchen Annahme zu einem oft übel angebrachten excitirenden Verfahren uns verleiten lassen. Unter allen Umständen ist aber das Kapitel von der Magenbewegung, so dunkel es in vielen Punkten selbst für physiologische Zustände noch ist, für die Eruirung der Pathologie des Verdauungsprocesses ausserordentlich wichtig, obgleich es bei dem jetzigen Stande der Wissenschaft, bei den complicirten Verhältnissen des betreffenden Mechanismus, unmöglich ist, Bestimmteres anzugeben. Hier dürfte vor Allem die pathologische Anatomie durch Untersuchung der Ganglienschicht des Magens und der glatten Muskelfasern noch Wichtiges zu Tage fördern können.

Ebenso wenig Gewisses lässt sich darüber sagen, ob und wie die Resorptionsfähigkeit des Magens in acut-fieberhaften Krankheiten modificirt ist. Für Wasser, die Lösungen anorganischer und organischer Salze, die Lösungen von Zucker, für Alkohol können wir annehmen, dass sie auch im Fieber theilweise schon im Magen zur Resorption gelangen. Wir wissen wenigstens aus den Versuchen Beaumont's, dass Flüssigkeiten im Allgemeinen während des Fiebers rasch aufgesogen werden. Ob dies jedoch für alle Fälle zutrifft, müsste noch näher geprüft werden. Es ist uns wenigstens noch kürzlich vorgekommen, dass ein achtzehnjähriger Typhuskranker ca. 500 Grm. rein wässerig aussehender, mit etwas Schleim vermengter Flüssigkeit erbrach, nachdem er vorher viel Wasser getrunken, die letzten 1½ Stunden aber fest geschlafen hatte. Was die Resorption der Peptone betrifft, deren rasche Diffusion eine Bedingung der möglichst günstigen Wirkung des Pepsins ist, so ist wohl mit grosser Sicherheit anzunehmen, dass sie in vielen fieberhaften Krankheiten erheblich gemindert ist, weil sehr häufig in letzteren Katarrh der Magenschleimhaut mit starker Schleimbildung, auch mit Infiltration der oberflächlichen Schichten der Mucosa[1]) besteht, und weil die Thätigkeit der Magenmuskulatur, die auf die Resorption von entschiedenem Einflusse ist (Leube), während des acuten Fiebers sich vielfach in abnormer Weise geltend macht.

Wir lassen nunmehr einige das Verdauungsvermögen des Magens

---

1) Das oberflächliche Lymphcapillarnetz liegt unmittelbar unter dem blinden Ende der Drüsen, das Venennetz um die freie Oeffnung derselben.

betreffende Beobachtungen folgen, schicken denselben jedoch eine kurze Erörterung der Methode vorauf, nach welcher die Untersuchung angestellt wurde. Das Erbrochene, spontanes und durch Rad. Ipecac. hervorgerufenes, wurde jedesmal möglichst frisch in Untersuchung genommen, die Masse auf ein Filtrum gebracht, das Filtrat (I) gekocht, nachdem es vorher bei neutraler oder alkalicher Reaction mit Essigsäure versetzt war, und dann das eventuell noch einmal Filtrirte, Filtrat II, nach dem Erkalten auf Peptone untersucht. Zu dem Behuf wurde zu allernächst zu einer Probe eine Lösung von Blutlaugensalz zugesetzt, um zu sehen, ob sämmtliche Nichtpeptone entfernt seien. Trat kein Niederschlag ein, so wurde die übrige Masse

1) mit Aetzkalilauge und Kupfervitriol,
2) mit Quecksilberchlorid,
3) mit Tannin behandelt, und
4) mit dem Polarisationsapparate untersucht.

Entstand bei Zusatz von Blutlaugensalz in jenem essigsauren Filtrat ein Niederschlag, so wurde vor jeder weiteren Maassnahme aufs Neue filtrirt.

Der Säuregehalt im Allgemeinen wurde durch eine Normal-Natronlösung bestimmt, von der 100 Theile 5,3 Theile aus geglühtem zweifach kohlensaurem Natron hergestelltes kohlensaures Natron enthielten und zur Neutralisirung von 3,6 Theilen wasserfreier Chlorwasserstoffsäure verwendet werden konnten. Da aber durch die Menge der verbrauchten Natronlösung keineswegs immer die Menge der vorhandenen Salzsäure angezeigt wird, da im Erbrochenen Fiebernder notorisch gar nicht selten auch andere Säuren, Essig-, Butter-, Propion-, Milchsäure in freiem Zustande sich finden, so musste zur Bestimmung der Salzsäure ein anderes Mittel zu Rathe gezogen werden. Um nun dies zu erreichen, um den Gehalt an Salzsäure möglichst genau festzustellen, wurde folgende Methode angewandt:

Das Filtrat I wurde mit absolutem Alkohol versetzt, um Chlorkalium und Chlornatrium abzuscheiden, dann wurde filtrirt und nun eine weingeistige Lösung von Kalihydrat zugefügt. Der eventuelle Niederschlag Chlorkalium wurde jetzt mit einer Höllensteinlösung behandelt, um Chlorsilber zu erhalten. Dieses wurde getrocknet, gewogen und dann die Salzsäure berechnet nach dem Satze:

100 Chlorsilber = 25,24 wasserfreie Salzsäure.

Anmerkung. Die Fälle, welche hier beschrieben werden, sind neben vielen anderen im Laufe der letzten 4 bis 5 Jahre gesammelt worden; eine grosse Reihe von Familien, in denen Verfasser Arzt war, wusste,

welchen Werth er auf die Untersuchung des Erbrochenen legte und
zeigte in Folge dessen beim Auffangen jenen Eifer und jene Sorgfalt, ohne welche schwerlich irgend ein Resultat erzielt worden
wäre. Derselbe Umstand, dass einzelne Fälle schon vor mehreren
Jahren während der ersten Studien des Verf. über die Verdauung
Fiebernder beobachtet wurden, erklärt es auch, weshalb die diätetische
Behandlung des einen oder anderen Falles nicht ganz genau mit den
weiter unten angegebenen Principien übereinstimmt.

FALL 12:

Louis O., 16 3/4 Jahre alt, Fabrikarbeiter. Abdominaltyphus.

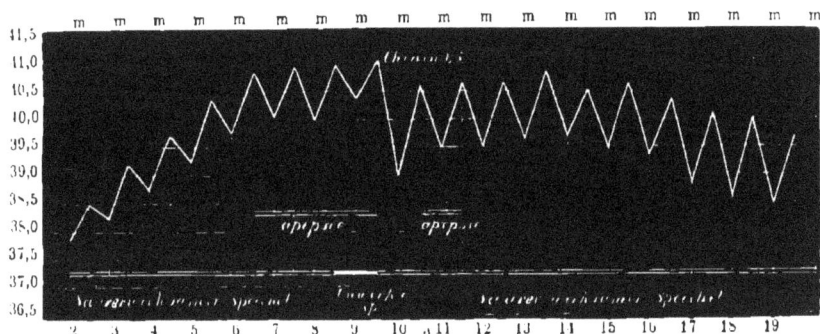

Therapie. Diät: Haferschleim, Gerstenschleim, Griesswassersuppe,
daneben vom 5. Tage an Suppe aus Kalbsfüssen, und vom 9. Tage
an Kalbfleischsuppe. Vom 17. Tage an Rindfleischsuppe mit Eigelb. Vom 9. bis zum 20. Tage 150 Grm. Rothwein pro die
in drei Portionen.
Medicamente: Decoct. Althaeae und Chinin. sulphur.
    Am 4. Tage bei dickweissbelegter Zunge spontanes Erbrechen
25—30 Minuten nach dem Genuss von Haferschleim. Filtrat I reagirt sauer,
ist gelblich, trübt sich stark beim Kochen; es enthält Spuren von Essigsäure. Filtrat II zeigt mit Aetzkali und Kupfervitriol schön violette
Farbe; 100 Grm. des Filtrates I erfordern zur Neutralisirung 6,25 Grm.
der Normalnatronlösung, was auf Salzsäure berechnet, einen Gehalt von
0,224 Grm. anzeigen würde.
    Am 7. Tage spontanes Erbrechen ca. 30 Minuten nach Haferschleim.
Filtrat I neutral reagirend, Filtrat II ohne alle Peptonreation. Aschgraue Färbung dieses Filtrates bei Zusatz von Aetzkali und Kupfervitriol.
    Am 8. Tage Nachts spontanes Erbrechen fast drei Viertel Stunden
nach dem Genusse von Griessuppe, die im Erbrochenen noch deutlich nachzuweisen ist. Filtrat I reagirt neutral. Peptone können nicht nachgewiesen werden.
    Am 10. Tage — 20 Minuten nach Griessuppe spontanes Erbrechen.
Filtrat I reagirt schwach sauer, in Filtrat II ruft Aetzkali und Kupfer-

vitriol eine deutliche violette Färbung, Tannin eine Trübung hervor. —
Am Nachmittage zuvor waren 1,5 Chinin. sulphur. gereicht worden.

Am 11. Tage spontanes Erbrechen eine gute Viertelstunde nach
Gerstenschleim. Filtrat I reagirt neutral; Peptone sind nicht nachzuweisen.

Am 17. Tage Zunge zum ersten Male etwas feucht. Spontanes
Erbrechen 15 Minuten nach concentrirter Kalbfleischsuppe mit etwas
Gerstenschleim. Filtrat I schwach sauer reagirend, von hellgelber Farbe.
Filtrat II zeigt deutliche Peptonreaction. 900 Grm. Urin dieses Tages
enthalten 1,2 Grm. Kochsalz. ·

Ein weiteres Erbrechen fand nicht statt. Das auffallend häufige
Erbrechen nach der Darreichung der Suppen hatte entweder seinen
Grund in einer sehr unzweckmässigen Diät während des Prodromalsta-
diums, oder in einem starken Widerwillen des Patienten vor den Mehlsuppen. Bemerkenswerth ist, dass, mit kurzer Unterbrechung, mindestens
vom 7. bis zum 11. Tage die Absonderung verdauenden Magensaftes
ganz aufgehört hatte, und dass in dem Erbrochenen des vierten Tages
so sehr starker Säuregehalt constatirt werden konnte. Ueber das Verhalten des Magensaftes am 10. Tage, nachdem ca. 18 Stunden zuvor
Chinin gegeben, wird noch weiter unten gesprochen werden.

FALL 13.

Friedrich Fr. 1½ J. alt, erkrankte kurz nach seinem Vater
(Fall 14) an Abdominaltyphus. Das seit einem Vierteljahre ganz ent-
wöhnte Kind wird mit einer Abkochung von Maizena und Kuhmilch
(33 pCt.) auch in der Krankheit ernährt, da es jede andere Nahrung
entschieden verweigert. Der Verlauf der Krankheit ist bis zum 6. Tage
kein schwerer.

Am 7. Tage stellt sich ausgebreiteter Bronchialkatarrh ein unter
Steigerung der Temperatur von 38,9 am Abend des 6. auf 39,7⁰
am Abend des 7. Tages. Es wird jetzt statt des anfänglich verordneten
Decoctum Althaeae ein Infusum rad. Ipecacuanhae (60 : 0,5) gereicht.
Schon nach dem ersten Kinderlöffel voll tritt heftiges Erbrechen der
eine halbe Stunde zuvor genossenen Nahrung ein. Das Erbrochene hat
reichlichen Schleim, auch noch etwas von der Nahrung, reagirt schwach
sauer und ist schwer zu filtriren.

Filtrat I trübt sich stark beim Kochen; in Filtrat II tritt nach dem
Erkalten bei Zusatz von Aetzkali und Kupfervitriol deutliche violette
Färbung ein — Stühle wässerig.

Am 8. und 9. Tage bleibt das Fieber auf gleicher Höhe, wie Tags
zuvor; an beiden Tagen wiederholt sich das Erbrechen, so oft mit dem
Infusum Ipecac. ein Versuch gemacht wird. Zweimal ist das Erbrochene
blos Schleim und wässrige Flüssigkeit bei alkalischer Reaction, das
dritte Mal dagegen Schleim und ziemlich Viel der 15 Minuten vorher
genossenen Nahrung. Dies Erbrochene reagirt neutral; Filtrat I opalisirt beim Kochen, und Filtrat II enthält keine Peptone. Stühle grauweiss, dünn, sauer reagirend.

Am 11. Tage werden bei einer Abendtemperatur von 39,2 ^{0} die vorher dünnen Stühle etwas breiig, während gleichzeitig der Bronchialkatarrh etwas nachlässt. Die Stühle zeigen hie und da in den grauen Massen grasgrüne Streifen, die sich als Beimengungen von Galle erweisen (s. unten).

Am 13. Tage Erbrechen bei einem Hustenanfalle. Die erbrochene Masse ist stark schleimig, enthält noch ziemliche Mengen der 25 Minuten vorher genossenen Nahrung, und reagirt sauer. Filtrat I trübt sich beim Kochen stark; 25 Grm. erfordern 0,6 Grm. der Normalnatronlösung zur Neutralisation. Im Filtrat II bringt Quecksilberchlorid deutliche Trübung, Aetzkali und Kupfervitriol deutliche violette Färbung hervor.

FALL 14.

Louis Fr., 23 Jahre alt, Zimmermann. Abdominaltyphus. Zuerst bis zum 12. Tage milder Verlauf, Temperatur geht Abends nicht über 39,8^0 hinaus. Sparsame Durchfälle. Diät: Gersten- und Haferschleim mit 1/3 Milch bis zum 12. Tage, vom 9. Tage ausserdem dreimal täglich eine halbe Tasse Kalbfleischsuppe. Medicament: Dec. Althaeae.

Am 13. Tage Temperatur Morgens 39,4^0, Abends 40,3^0. Puls 100; die vorher etwas feuchte, weiss belegte Zunge ist trocken, der Speichel sehr sparsam, intensiv sauer, vollständiger Appetitmangel. Spontanes Erbrechen beim Aufrichten ungefähr 15 Minuten nach dem Genusse des statt der Milchsuppe von heute verordneten Gerstenschleimes. Filtrat I ist wasserfarben, reagirt neutral, opalisirt beim Kochen. Filtrat II zeigt keine Peptonreaction — Nachmittags 1,5 Grm. Chinin.

Am 15. Tage Temperatur Morgens 39,1^0 und Abends 40,0^0. Puls 96. Zunge trocken, Speichel sehr sparsam, sehr sauer, wirksam; spontanes Erbrechen von ca. 150 Grm. graubräunlicher, schwach schleimiger Flüssigkeit, 20 Minuten nach dem Genusse von Griessuppe.

Filtrat I schwach gelblich, schwach sauer, gekocht ein wenig sich trübend; Filtrat II zeigt keine Peptonreaction.

Am 18. Tage Temperatur Morgens 38,6, Abends 39,3. Puls 90. Zunge ein wenig feucht; Speichel nicht mehr so sehr sauer, wirksam. Etwas Appetit, so dass der Patient, ohne gefragt zu haben, ca. 3/4 Esslöffel voll geschabtes rohes Fleisch sich hat geben lassen. Nachmittags, kaum eine halbe Stunde nach dem Genusse wird dies Fleisch in einer 165 Grm. haltenden schleimig wässerigen Flüssigkeit erbrochen. Diese letztere reagirt stark sauer; Peptonreaction unverkennbar bei Zusatz von Quecksilberchlorid sowohl, als von Aetzkali und Kupfervitriol. — 40 Grm. von Filtrat I erfordern zur Neutralisirung 18 Degrm. der Normalnatronlösung, und weitere 40 Grm. desselben liefern bei der oben beschriebenen Behandlung 16 Ctgrm. Chlorsilber, d. i. reichlich 4 Ctgrm. wasserfreie Salzsäure.

Das erbrochene Fleisch war weich und an der Peripherie der einzelnen Klümpchen grau, im Inneren noch hellroth. Die grauen Theile zeigten die Contouren der Primitivbündel, deutliche Kerne, aber keine Streifung. Weiteres Erbrechen ist nicht eingetreten.

44

Pathologie der Verdauung.

FALL 15.

Hermann R., 6³/₄ Jahr alt. Abdominaltyphus. Kein schwerer Verlauf. Temperatur erreicht am 10. Tage Abends die höchste Höhe von 40,0⁰. Vollständige Fieberlosigkeit am 20. Tage. Starke Durchfälle vom 6. bis 13. Tage.

Diät: 2. bis 6. Tag: Griessuppe mit ¹/₃ Kuhmilch.
      7. „ 10. „ Gerstenschleim und Liebig's Suppe ohne Milch.
     10. „ 14. „ Dasselbe und zweimal täglich ¹/₃ Tasse Kalbfleischsuppe.
     15. „ 19. „ Kalbfleischsuppe mit Eigelb, Gerstenschleim mit ¹/₃ Milch, Liebig's Suppe.

Medicament: Dec. Althaeae. Chinin.

Am 12. Tage Temperatur Morgens 39,0⁰, Abends 39,7⁰. Zunge dick weiss belegt, nicht feucht; die sparsame Mundflüssigkeit intensiv sauer, wirksam. Erbrechen 20 Minuten nach Liebig's Suppe. Die Masse enthält ziemlich viel Schleim, reagirt sauer; Filtrat I schwach gelblich, trübt sich beim Kochen nur wenig; 100 Grm. erfordern zur Neutralisirung 4,3 Grm. Normalnatronlösung, und 50 Grm. liefern 18 Ctgrm. Chlorsilber, was auf Salzsäure berechnet im ersteren Falle einen Gehalt von 0,167 Grm. auf 100 Grm., im zweiten einen Gehalt von reichlich 0,09 Grm. auf 100 Grm. anzeigen würde. Filtrat II gibt geringe Peptonreaction.

Am 13. Tage bei gleicher Temperatur aufs Neue Erbrechen eine halbe Stunde nach Kalbfleischsuppe mit starkem Zusatz von Gries. Filtrat I stark sauer reagirend; in Filtrat II Peptone deutlich nachzuweisen. In 50 Grm. von Filtrat I finden sich nach obiger Methode auch heute 45 Mgrm. Salzsäure, da 18 Ctgrm. Chlorsilber erhalten wurden. Eine Säure war als Medicament nicht gereicht worden.

FALL 16.

Frau Br., 28 Jahre alt. Sehr schwerer Abdominaltyphus einer anämischen, viel an Cardialgie leidenden Frau. Langsamer Beginn unter starken gastrischen Symptomen. Völlige Fieberlosigkeit erst in der 6. Woche; Anfang stärkerer Morgenremissionen am 21. Tage.

Diät: 1. bis 4. Tag: Gerstenschleim, Haferschleim, Grieswassersuppe ohne Zusatz. Als Getränk Thee.
     5. „ 20. „ Gerstenschleim mit Kalbfleisch-, Rindfleischsuppe; Tokayerwein dreimal täglich zuerst einen, dann zwei Esslöffel voll. Vom 5. bis zum 10. Tage zweimal am Tage eine halbe Tasse Leimsuppe, die dann aber verweigert wird.
    21. „ 35. „ Rindfleischsuppe mit Eigelb, Gerstenschleim mit Malzextract, vom 26. Tage an mit Milch. Milchkaffee.

Medicamente: In der 2. und 3. Woche einen um den anderen
Tag 1—2 Grm. Chinin.

Am 4. Tage Temperatur Morgens 38,2⁰, Abends 38,8⁰. Puls 86.
Spontanes Erbrechen 15 Minuten nach Gerstenschleim. Das Erbrochene
ist grau, schleimig, sauer, schwer filtrirbar. Filtrat II zeigt bei Zusatz

1) von Aetzkali und Kupfervitriol eine violette Färbung,
2) „ Quecksilberchlorid weissliche Trübung,
3) „ Gerbsäurelösung grauweisse Trübung.

Am 5. Tage mehrmaliges Erbrechen beim Aufrichten; ist nicht gesammelt worden, weil zu wenig Masse.

Am 8. Tage Temperatur Morgens 39,5⁰, Abends 40,3⁰. Puls 108.
Zunge trocken. Erbrechen 20 Minuten nach Kalbfleischsuppe mit Gerstenschleim. Das Erbrochene ist graugelblich, schleimig, sehr sauer, schwer
filtrirbar. Ausgeprägte Essigsäurereaction. 50 Grm. des Filtrates I
liefern nur 10 Ctgrm. Chlorsilber; in Filtrat II keine Peptone nach-
weisbar.

Am 15. Tage Temperatur Morgens 39,6⁰, Abends 40,8⁰. Puls 118.
Dreimaliges Erbrechen, das jedesmal eine gelbliche, schleimige, saure,
peptonfreie Flüssigkeit war.

Ein weiteres Erbrechen fand nicht statt.

FALL 17.

Heinrich L., 7 Jahre alt. Abdominaltyphus.

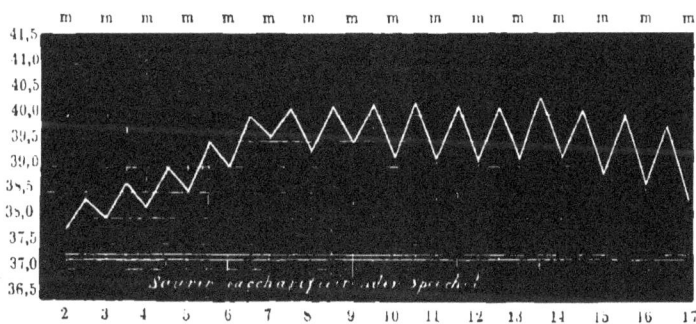

Therapie: Diät vom 1. bis 8. Tage Kuhmilch mit ¹/₃ Wasser,
vom 9. Tage Gerstenschleim und Grieswassersuppe, allein und mit
Kalbfleischsuppe, vom 15. Tage an Abkochung von Faust-
Schuster'schem Mehl und Kalbfleischsuppe. Medicamente: Dec.
Althaeae und am 7., 9. und 10. Tage Chinin 0,5 Grm. bis
0,6 Grm., jedesmal spät Abends gereicht.

Der Knabe erkrankt nach kurzem Prodromalstadium, unter leichten
gastrischen Symptomen mit von Tag zu Tag ansteigendem Fieber.
Appetit ist anfänglich ganz leidlich, Zunge weissbelegt, Speichel sauer
reagirend, wirksam. Der Patient verlangt mit Entschiedenheit Kuhmilch,
von jeher seine liebste Nahrung.

Vom 1. bis 5. Tage bei dieser ausschliesslichen Milchdiät vollständig
normal aussehende, sauer reagirende, beim Verdünnen mit Wasser keine
weissen Klümpchen zeigende Faeces. Am 6. Tage noch geformte Faeces; aber man erkennt auf der
Oberfläche und in der Masse eine unzählige Menge linsengrosser weiss-
licher Klümpchen, welche bei weiterer Untersuchung sich als Casein-
massen mit eingeschlossenen Fettkügelchen erweisen.

Am 8. Tage erscheinen dünne, halbwässrige, eine Menge dieser
Caseinklümpchen enthaltende Stühle. Zweimal spontanes Erbrechen,
10 resp. 25 Minuten nach Milchgenuss. Das Erbrochene reagirt sauer,
enthält derb geronnene Milch in haselnussgrossen Stücken und etwas
Schleim. Filtrat I erfordert zur Neutralisirung von 50 Grm. = 2,1 Grm.
der Normalnatronlösung, und enthält Essig- und Milchsäure. Filtrat II
zeigt nach Zusatz von Aetzkali und Kupfervitriol schwach violette Färbung, nach Zusatz von Quecksilberchlorid eine schwache Trübung. Milch
fortgelassen.

Am 15. Tage Zunge feucht, vorn rein; Speichel nicht sehr sparsam,
wirksam. Appetit sich etwas regend.

Neues Erbrechen eine halbe Stunde nach Grieswasser - Kalbfleischsuppe. Die Masse ist grau, reagirt sauer; Filtrat I trübt sich beim
Kochen und 60 Grm. bedürfen zur Neutralisirung 2 Grm. Normalnatronlösung. Filtrat II zeigt bei Zusatz von Aetzkali und Kupfervitriol deutliche violette Färbung.

FALL 18.

Friedrich N., 45. J. alt. Tödtlich endender Abdominaltyphus.
Langsames Ansteigen des Fiebers bis zum 6. Tage, an welchem Morgens
38,9°, Abends 39,5°. Puls 96. An dem nämlichen Tage, dreiviertel
Stunde nach dem Genusse von Milch und Wasser 2 : 1 (Ziegenmilch)
heftiges, einmaliges Erbrechen von dicken, derben Coagulis, die in einer
sauren Flüssigkeit liegen. Filtrat I wasserklar, beim Kochen sich
trübend; 20 Grm. erfordern zur Neutralisation 1,3 Grm. Normalnatronlösung, und 30 Grm. desselben Filtrates I liefern bei der oben beschriebenen Behandlung 8 Ctgrm. Chlorsilber. Berechnet man den Salzsäuregehalt nach dem Chlorsilber, so stellt sich derselbe auf 0,066 pCt.,
und berechnet man ihn nach der Natronlösung, so stellt er sich auf
0,215 pCt. Man ersieht hieraus, wie weit man fehl geht, wenn man aus
dem zur Neutralisation verwendeten Natron ohne Weiteres den Gehalt
an Salzsäure berechnet. Filtrat II zeigt Peptonreaction, jedoch nicht in
sehr bedeutendem Grade. —

FALL 19.

Sophie O., 12 Jahre alt. Milde verlaufender Abdominaltyphus.
Die Temperatur übersteigt an keinem Abende 39,5°; der Puls geht niemals über 96.

Diät: Getreidemehlsuppen mit ⅓ Milch während der ganzen Krankheit bis zu normaler Morgentemperatur; vom S. Tage an 2 mal täglich ½ Tasse Kalb- oder Rindfleischsuppe.

Am 4. Tage spontanes Erbrechen 2 bis 3 Stunden nach dem Genusse von Milchgrieswassersuppe. Es werden ca. 400 Grm. einer graugelblichen Masse herausbefördert, in welcher noch Grieskörnchen zu finden sind.

Filtrat I sauer reagirend, beim Kochen sich trübend. 100 Grm. erfordern 2,8 Grm. Natronlösung zur Neutralisation und 50 Grm. des Filtrates liefern 15 Ctgrm. Chlorsilber.

Filtrat II wird auf Zusatz von Aetzkali und Kupfervitriol intensiv violett gefärbt.

Am 9. Tage wiederum Erbrechen 1 Stunde nach dem Genusse von Gerstenschleim mit ⅓ Milch. Die Masse ist schleimig, nicht so sauer, wie die zuerst erbrochene, schwer filtrirbar. Im Filtrat II ebenso deutliche Peptonreaction.

FALL 20.

Charlotte H., 10 Jahre alt. Typhlitis.

Am Nachmittage des 1. Tages nach einem starken Schüttelfroste Temperatur 39,3⁰. Puls 108. Heftiges Erbrechen von derb und in dicken Klumpen geronnener Milch, die die Patientin unverdünnt ¾ Stunde zuvor, ehe ärztliche Hülfe gewünscht war, genossen hatte. Die Masse reagirte intensiv sauer. Filtrat I sehr klar, beim Kochen schwach getrübt. Filtrat II zeigt bei Zusatz von Aetzkali und Kupfervitriol sehr schöne violette Färbung; 20 Grm. von Filtrat I erfordern 0,8 Grm. Natronlösung zur Neutralisirung.

Diät: Eispillen und kleine Portionen Gerstenschleim.

FALL 21.

Heinrich Kr., 10 Jahre alt. Acute Peritonitis im Bereiche der rechten Fossa iliaca, höchst wahrscheinlich vom Wurmfortsatze ausgehend.

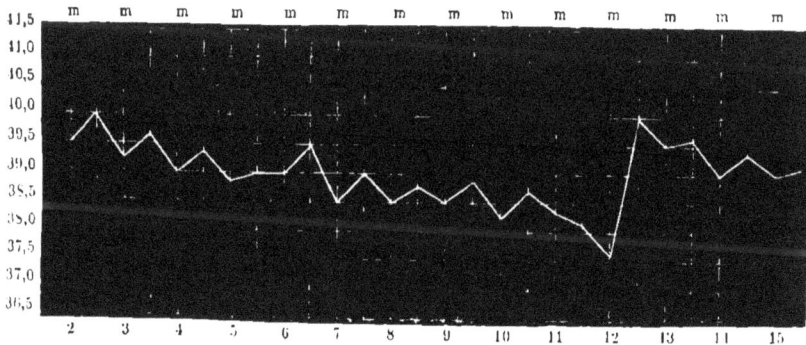

Erkrankte unter plötzlichem Schmerz in der Coecalgegend mit Erbrechen. Das Erbrochene war nicht aufbewahrt.

48 Pathologie der Verdauung.

Am folgenden Tage (dem 1. Tage der Behandlung) Morgens 39,5°, Abends 40,0°. Puls 108. Intensiver Schmerz, häufig wiederkehrende Uebelkeit. 2 mal Erbrechen am Nachmittage, die Masse war das eine Mal ca. 40 Grm. grüngelbliches, schleimiges Wasser, von schwach saurer Reaction, ohne Peptone, das zweite Mal (ca. 20 Minuten nach Gerstenschleim) eine graugelbliche Flüssigkeit von schwach saurer Reaction. Filtrat I derselben trübte sich beim Kochen gar nicht; Peptone konnten nicht constatirt werden; 20 Grm. des Filtrates erforderten 0,55 Grm. der Normalnatronlösung zur Neutralisirung.

Diät, am Morgen des 2. Tages verordnet: Eispillen, Gerstenschleim Grieswassersuppe, Haferschleim bis auf Weiteres.

Am 3. Tage kein Erbrechen.

Am 4. Tage Mittags Erbrechen ¼ Stunde nach dem Genusse von zwei bis drei Esslöffel voll Schleimsuppe. In der Masse sind noch kleine Grieskörnchen zu finden. Filtrat I hat saure Reaction, opalisirt beim Kochen; Filtrat II nimmt bei Zusatz von Aetzkali und Kupfervitriol eine schwach violette Färbung an.

Bei derselben Diät und vollständiger Rückenlage des Patienten erfolgt von nun an Besserung, langsame Abnahme des Fiebers und der örtlichen Schmerzen; am 9. Tage erscheint spontan zum ersten Male eine (consistente) Stuhlentleerung.

Am 12. Tage Morgens ist die Temperatur fast die normale; an dem nämlichen Tage, bis wohin immer noch die Schleimsuppen gereicht waren, erhält der Knabe von einer Verwandten ein Stück mitgebrachten Semmel trotz ausdrücklichen Verbots. Am Abend hohe Steigerung des Fiebers, sehr grosse Schmerzhaftigkeit, Uebelkeit, einmaliges Erbrechen grünlichgelber Flüssigkeit, die schwach sauer reagirend keine Speisetheile enthielt, ohne Peptone war. In der Nacht zweimal eine dünne Entleerung.

Am 13. Tage kein Erbrechen.

Am 14. Tage Mittags 10—15 Minuten nach Gerstenschleim unter grosser Anstrengung Erbrechen von ca. 60 Grm. grau aussehender Flüssigkeit, von saurer Reaction. Filtrat I trübt sich beim Kochen, Filtrat II zeigt bei Zusatz von Aetzkali und Kupfervitriol schwach violette Färbung. Ein weiteres Erbrechen fand nicht statt.

FALL 22.

Marie H., 12 Jahre alt. Croupöse Pneumonie rechts unten. Stürmischer Beginn. Fieber erreicht am 4. Tage mit 40,0° und 118 Pulsschlägen die höchste Höhe. Am Morgen des 7. Tages Temperatur 38,0°, am Morgen des 8. Tages 37,3.

Therapie: Getreidemehlsuppen, stubenwarmes Traubenzuckerwasser bis zum 7. Tage. Medic.: Dec. Alth. und Inf. r. Ipecac.

Am 2. Tage Erbrechen fast ¾ Stunden nach Gerstenschleim. Filtrat I sauer reagirend, gelblich, trübt sich ein wenig beim Kochen, Filtrat II zeigt Peptonreaction nicht sehr stark, doch unverkennbar.

Am 7. Tage auf Infusum r. Ipecacuanhae Erbrechen ca. 20 Minuten nach Haferschleim. Die Masse ist stark schleimig, sehr schwer filtrirbar, sauer; Filtrat I erfordert zur Neutralisirung anf 50 Grm. reichlich 2 Dcgrm. der Natronlösung. In Filtrat II bringt Aetzkali und Kupfervitriol deutliche violette Färbung, Quecksilberchlorid einen weisslichen Niederschlag hervor. Urinmenge = 500 Grm. mit 1,3 Grm. Kochsalz. Appetit beginnt sich zu regen.

Fall 23.

Julie M., 72 Jahre alt. Schwere croupöse Pneumonie links unten. Beginn mit starkem Schüttelfrost.

Temperatur am Abend des 1. Tages = 39,5°.
" " " " 2. " = 40,1°.
" " " " 3. " = 40,6°.
" " " " 4. " = 40,3°.

Diät: Am 1. Tage Gerstenschleim, vom 2. Tage an Fleischbrühe, Wein neben Gerstenschleim.

Schon im Laufe des 4. Tages tritt hochgradige Schwäche ein; Puls sehr frequent (125), klein, Füsse kühl; Schleimrasseln auf der ganzen Brust, Urin ins Bett gelassen. Erbrechen nach dem 2. Esslöffel eines Infuso-Decocts von Rad. Seneg. und Rad. Ipecac., nachdem eine kleine halbe Stunde zuvor Kalbfleischbrühe mit Gerstenschleim gereicht war. Die Masse ist graugelblich, zähschleimig, schwer filtrirbar. Filtrat I, neutral reagirend, wird nach Zusatz von Essigsäure gekocht, trübt sich gar nicht; Peptone weder durch chemische Reagentien, noch durch den Polarisationsapparat zu finden.

Am 5. Tage Tod.

Fall 24.

Heinrich M., 32 Jahre alt. Croupöse Pneumonie links unten. Sehr stürmischer Beginn mit starkem Frost. Temperatur am Abend des 1. Tages = 39,6°, am Abend des 2. Tages = 40,2°. An diesem Abend spontanes Erbrechen 15 bis 20 Minuten nach Gerstenschleim. Die Masse ist graugelblich, reagirt neutral, ist leicht zu filtriren. Filtrat I opalisirt beim Kochen; die Trübung wird nach Zusatz von Säure nicht stärker. In Filtrat II bringt Aetzkali nnd Kupfervitriol keine violette Färbung, Quecksilberchlorid und Gerbsäure keinen Niederschlag hervor. Es fehlten also Peptone.

Fall 25.

Frau M., 60 Jahre alt. Croupöse Pneumonie rechts unten. Beginn mit starkem Schüttelfrost. Temperatnr am Abend . des 1. Tages 39,5°, am Morgen des 2. Tages 39,3°. Gegen Mittag Erbrechen nach Grieswassersuppe, welche ca. 25 Minuten vorher genossen war. Das Erbrochene, in welchem noch Gries zu constatiren war, reagirte saner; Filtrat I trübte sich beim Kochen, in Filtrat II brachte Aetzkali und Kupfervitriol violette Färbung von mittlerer Intensität hervor. Von Filtrat I bedurften 30 Grm. zur Neutralisirung 1 Grm. Natronlösung, und lieferten weitere 30 Grm. nicht ganz 15 Ctgrm. Chlorsilber. Am 8. Tage Temperatur Morgens 38,5⁰. Erbrechen nach Infusum r. Ipecacuanhae 30 Minuten nachdem eine Mischung von Kalbfleisch- und Griessuppe genossen war. Die Masse reagirte sauer, 20 Grm. von Filtrat I bedurften 0,6 Grm. der Natronlösung zur Neutralisirung. In Filtrat II brachte Aetzkali und Kupfervitriol intensiv violette Färbung hervor.

Fall 26.

Charlotte St., ³/₄ Jahr alt, an der Mutterbrust. Bronchitis acuta. Am 1. Tage der Behandlung (Morgens Temperatur 38,6⁰) saugt das Kind mit leidlichem Appetite, Stühle halbdünn, gelblich mit weissen Klümpchen. Einmal Erbrechen unmittelbar nach dem Saugen.
Am 2. Tage Temperatur Morgens 38,8. Erbrechen 15 Minuten nach dem Saugen. Die Masse enthält grössere und kleinere Milchcoagula, reagirt sehr sauer; 20 Grm. von Filtrat I erfordern zur Neutralisirung 1 Grm. Natronlösung. In Filtrat II deutlichste Peptonreaction.
Am 3. Tage bei gleichem Fieberstand einmal Erbrechen, das nicht aufgefangen werden konnte.
Am 5. Tage Temperatur Morgens 39,0. Erbrechen früh Morgens 10 Minuten nach dem Saugen bei einem Hustenanfalle. Reaction sauer. In Filtrat II Peptonreaction von mittlerer Intensität. Stühle sind sehr dünn, grüner Schleim.
Ein weiteres Erbrechen findet nicht statt.

Fall 27.

Friedrich R., ³/₄ Jahr alt, an der Mutterbrust. Bronchitis acuta, lobuläre Pneumonie. Leichter Verlauf bis zum Morgen des 6. Tages. Von da an rapide Steigerung des Fiebers auf 39,8⁰ Abends. Am 7. Tage kühle Füsse, Schlagen mit dem Kopfe und den Händen, halboffene Augen beim Schlafen. Am 8. Tage verbreitetes Schleimrasseln, Abends Tod.
Am 2. Tage Erbrechen dick geronnener Massen ca. 20 Minuten nach dem Saugen. In Filtrat II die deutlichste Peptonreaction. Stühle gelblich, mit weissen Klümpchen, dünn.
Am 3. Tage zwei- bis dreimal dasselbe Erbrechen dicklicher Milch- coagula; Peptone deutlich nachzuweisen. — Stühle ebenso, wie vorher.
Am 5. Tage einmal Erbrechen ca. 25 Minuten nach dem Saugen. Dicke, derbe Coagula in einer schleimigen Flüssigkeit. In Filtrat II sind Peptone ebenso deutlich, wie vorher, nachzuweisen. Stühle bilden eine halbdünne, schlickerige, grüngelbliche Masse mit einzelnen weissen Klümpchen.
Am 7. Tage geschieht das Saugen nur noch Vormittags, jedesmal in kurzen Absätzen. Einmal Erbrechen 10—15 Minuten nach dem Saugen. Das Erbrochene reagirt neutral, zeigt keine Coagula, enthält keine Peptone.

FALL 28.

G e o r g W., ¹⁄₁ Jahr alt an der Mutterbrust. Stickhustenpneumonie. In der Zeit vor dem Auftreten pneumonischer Erscheinungen war das Erbrochene ungemein oft aufbewahrt und untersucht worden; es zeigte, wenn nach dem Saugen mindestens 10 Minuten verflossen waren, stets dünnflockige, niemals derbe und grosse Coagula.

Gleich am ersten Fiebertage, an welchem die Temperatur Abends 38,7⁰ betrug, fanden sich in der Masse, die immer noch mehrmals am Tage erbrochen wurde, derbe Coagula, die ungleich grösser waren, als in der ganzen drei Wochen umfassenden Zeit vorher. In Filtrat II waren stets Peptone nachzuweisen. Stühle von dem nämlichen Tage an dünn, gelblich mit weissen Klümpchen.

FALL 29.

H e r m i n e R., 1 Jahr alt, mit Kuhmilch ernährt. Capillärbronchitis mit lobulärer Pneumonie.

In den ersten 4 Tagen mittelschwerer Verlauf, seltenes Erbrechen, in der Regel bei Hustenanfällen; sparsame dünne Stühle. Diät: Kuhmilch mit ¹⁄₃ Wasser.

Am 5. Abends Steigerung des Fiebers auf 39,6⁰.

Am 6. Tage Temperatur Morgens 39,3⁰. Mehrmaliges Erbrechen meist 15—20 Minuten nach dem Genusse. Das Erbrochene enthält dicke Milchcoagula, und reagirt stark sauer. In dem Filtrat II zweier Massen, die untersucht wurden, können Peptone deutlich constatirt werden. Stühle wässrig, zahlreich.

Am 7. Tage Morgens 39,5⁰. Sehr häufiges Erbrechen, regelmässig nach jedem Milchgenusse, bald gleich, bald 10—15 Minuten hinterher. Das Erbrochene reagirt stark sauer, und enthält derbe, haselnussgrosse Coagula. Stühle sehr zahlreich. Diät vom Mittag an: Gerstenschleim.

Am 8. Tage Morgens 39,0. Kein Erbrechen wieder erfolgt, Stühle dünn, aber viel sparsamer.

Am 9. Tage Morgens 38,8. Kein Erbrechen, Stühle nicht mehr ganz dünn, sparsam.

Am 10. Tage ebenso.

Vom 12. Tage an sind die Stühle dick breiig. Erbrechen und Durchfälle erscheinen bis zum Ablauf der Krankheit nicht wieder.

FALL 30.

C a r l F., 1¹⁄₄ Jahr alt, entwöhnt. Scharlach mit Angina diphtheritica.

Am Abend des Tages, an welchem das Exanthem sich zuerst gezeigt, ist die Temperatur 39,3⁰. Zunge weiss belegt, viel Durst, kein Appetit. Abends spät spontanes Erbrechen ¹⁄₂ Stunde nach dem Genusse verdünnter Kuhmilch. Das Erbrochene enthält haselnussgrosse, derbe Coagula und eine wässerige, nicht schleimige Flüssigkeit, die ganz intensiv sauer reagirt. Filtrat I trübt sich beim Kochen, und im Filtrat II

4 *

ruft Aetzkali und Kupfervitriol deutlich violette Färbung hervor. 30 Grm.
von Filtrat I erfordern zur Neutralisirung 2 Grm. Natronlösung. 20 Grm.
von Filtrat I liefern 164 Mgrm. Chlorsilber (= 41 Mgrm. Salzsäure). In
diesem Falle, der später einen tödtlichen Ausgang nahm, war also
während eines intensiven Fiebers nicht blos Peptonbildung von Statten
gegangen, sondern auch ein erheblicher Ueberschuss an Säure, und
selbst ein Ueberschuss an Salzsäure vorhanden. Als das Erbrechen
erfolgte, war noch kein Medicament gereicht worden.

Fall 31.

Heinrich Th., 3 Jahre alt. Sehr schwerer Scharlach mit Diphtheritis. Tritt in Behandlung, als bereits am ganzen Körper das Exanthem
erschienen ist. Diphtheritis in äusserst hohem Grade rechts, wie links
auf den Tonsillen und der Uvula.

Temperatur am 1. Tage der Behandlung Morgens 39,5⁰.

"   "   2.   "   "   "   "   39,9⁰.

Am Vormittage des zweiten Tages spontanes Erbrechen 25 Minuten
nach dem Genusse verdünnter Kuhmilch. Das Erbrochene enthält in sehr
sauer reagirender Flüssigkeit dicke Coagula.

Filtrat I wasserfarben, beim Kochen opalisirend.

Filtrat II zeigt mit Blutlaugensalz keinen Niederschlag,

"   "   "   Quecksilberchlorid eine weissliche Trübung,

"   "   "   Aetzkali und Kupfervitriol schwach violette
Färbung.

Auf 25 Grm. von Filtrat I kommen zur Neutralisirung 1,1 Grm.
Natronlösung.

An beiden Krankheitstagen war kein anderes Medicament, als lediglich Kali chlorieum gereicht worden.

Fall 32.

Elisabeth W., 2½ Jahre alt; Scharlach mit Angina diphtheritica.
Am 2. Tage der Behandlung war das Exanthem über den ganzen
Körper verbreitet; Zunge dick weiss belegt, Durst gross, Appetit gering.
Puls 120. Temperatur Morgens 39,8. Am Abend des nämlichen Tages
traten mit einem heftigen Erbrechen eklamptische Zufälle ein, die nach
mehrstündiger Dauer in tiefes Coma übergingen. Tod 12 Stunden darauf.
Das Erbrochene enthielt dicke Milchcoagula von unverdünnt genossener
Kuhmilch herrührend, die eine kleine Stunde zuvor gereicht worden
war. Die Reaction war intensiv sauer. Filtrat I klar, wie Wasser,
wurde beim Kochen opalisirend. Im Filtrat II liess sich weder durch
chemische Reagentien, noch durch den Polarisationsapparat die Anwesenheit von Peptonen constatiren.

Fall 33.

Johanne R., 3½ Jahr alt. Morbilli. Initiales Erbrechen.
Am 2. Tage der Behandlung ist das Exanthem am Halse, Brust

und den Armen. Temperatur 39,3 °. Erbrechen 25 Minuten nach dem Genusse von einer halben Tasse verdünnter Kuhmilch. Die Masse enthält dicke Coagula, reagirt sehr sauer. Im Filtrat II bringt Kalilauge und Kupfervitriol schöne violette Färbung hervor.

Am 3. Tage Temperatur Morgens 39 °. Appetit gering, Zunge dickweiss belegt.

Am 4. Tage Temperatur Morgens 39,2 °. Starker Husten, etwas stöhnende Exspiration. Einigemal dünne Stühle. Statt Milch Gerstenschleim. Auf Infusum Ipecacuanhae einmal Erbrechen $\frac{1}{2}$ Stunde nach einer kleinen Tasse voll Gerstenschleim. Die Masse ist mässig sauer — auf 20 Grm. Filtrat I == 0,7 Grm. Normalnatronlösung. Im Filtrat II Peptone mit nicht sehr deutlicher Reaction nachzuweisen.

Am 5. Tage Temperatur Morgens 38,7 °. Weniger Husten.

Am 7. „   „   „   37,8 °. Exanthem im Verschwinden. Consistente Entleerung.

FALL 34.

Julius L., $\frac{3}{4}$ Jahr alt, an der Mutterbrust. Morbilli. Bis zum Abend des 5. Tages nach dem Erscheinen des Exanthems milder Verlauf. Dann intensives Fieber. Bronchitis acuta. Stühle dünn, grünlich schleimig.

Am Morgen des 6. Tages Temperatur 40 °, Abends 40,3 °. Spät Abends Erbrechen auf Infusum Ipecac. 15 Minuten nach kurzem Saugen. Das Erbrochene ist schleimig, die Milch nicht geronnen, die Reaction kaum sauer. Peptone nicht vorhanden.

Am Morgen des 7. Tages dieselbe Fieberhöhe. Abends kühle Füsse, in der Nacht eklamptische Zufälle, mit folgendem Coma, Tod.

FALL 35.

Georg W., $3\frac{1}{2}$ Jahre alt, Bruder der Elisabeth W., Fall 32, erkrankte gleichzeitig mit letzterer an Angina diphtheritica. Temperatur am ersten Abend 39,3 °, Puls 110. Zunge dick weiss belegt, Appetit sehr gering.

Therapie: Gerstenschleim, Zuckerwasser; Kali chloricum.

Abends 10 Uhr grosse Beängstigung. Erbrechen auf Pulv. rad. Ipecac. $\frac{1}{2}$ Stunde nach Gerstenschleim. Das Erbrochene graugelb, stark sauer reagirend, war leicht filtrirbar. Filtrat I bernsteingelb, beim Kochen sich stark trübend; Filtrat II zeigte bei Zusatz von Aetzkalilauge und Kupfervitriol schöne violette Färbung. Von Filtrat I erforderten 20 Grm. zur vollen Neutralisirung 0,8 Grm. der Natronlösung.

FALL 36.

Emil T., 10 Jahre alt. Angina diphtheritica. Ungefähr 18 Stunden nach dem initialen Schüttelfrost bei dickweiss belegter Zunge und einer Temperatur von 39,6 ° (Abends) spontanes Erbrechen $\frac{1}{4}$ Stunde nach dem Genusse einer Tasse voll warmer unverdünnter Kuhmilch.

Die Masse war bräunlich, mit dicken Milchcoagulis untermengt, die
Reaction sauer. Filtrat I weingelb, gab beim Kochen starke Trübung,
Filtrat II erschien bei Zusatz von Aetzkali und Kupfervitriol intensiv
violett gefärbt; bei Zusatz von Queeksilberchlorid zeigte sich in diesem
Filtrat ein weisser Niederschlag; 50 Grm. von Filtrat I bedurften zur
Neutralisirung 2,4 Grm. der Natronlösung.

Fall. 37.

Clara Sch., ½ Jahr alt, an der Mutterbrust. Dysenterie. An
dem nämlichen Tage, an welchem die ersten blutig-schleimigen Entleerungen erschienen, zweimaliges Erbrechen ca. 15 Minuten nach dem
Saugen. Jedesmal enthielt das Erbrochene ziemlich viel Schleim und
dicklich geronnene Milch. Vom Filtrat I des zuletzt Erbrochenen bedurften 20 Grm. zur Neutralisirung 0,8 Grm. Natronlösung; in Filtrat II
brachte Kali und Kupfervitriol deutlich violette Färbung hervor. Temperatur Abends 38,2 °.
Am 2. Tage ebenfalls Erbrechen, aber unmittelbar nach dem
Saugen. Temperatur Abends 38,5 °.
Am 4. Tage Nachmittags sehr heftiges Erbrechen fast 30 Minuten
nach dem Saugen. Die Masse enthielt viel Schleim und dick geronnene
Milch. Reaction sauer. In Filtrat II brachte Kalilauge und Kupfervitriol violette Färbung hervor, nicht ganz so intensiv wie am 1. Tage.
Abends 38,9 °.
Am 7. Tage Nachmittags wieder heftiges Erbrechen. In der stark
sauer reagirenden, wieder Milchcoagula enthaltenden Masse waren Peptone deutlich nachzuweisen. Stühle blutig, mit grasgrünen Schleim-
massen vermengt. Abends 38,8 °. Weiteres Erbrechen erfolgte nicht.

Fall 38.

Ernst W., 11 Monate alt, an der Mutterbrust. Dysenterie.
Am 1. Tage, an welchem in den blutig-schleimigen Entleerungen
zahlreiche weisse, rundliche Caseïnklümpchen sich fanden, zweimaliges
Erbrechen, das erste Mal fast unmittelbar, das zweite Mal 20 Minuten
nach dem Saugen. Das zuletzt Erbrochene reagirte stark sauer und
enthielt derbe Milchcoagula. In Filtrat II rief Kali und Kupfervitriol
intensiv violette Farbe hervor.
Am 2. Tage einmaliges Erbrechen alkalisch reagirenden Schleimes.
Am 4. Tage (Morgens Temperatur 38,9 °) Erbrechen 15 Minuten
nach dem Saugen. Die Masse war sauer reagirend; von Filtrat I erforderten 20 Grm. zur Neutralisirung 0,75 Grm. Natronlösung, und weitere 20 Grm. lieferten 9 Ctgrm. Chlorsilber; Filtrat II wurde bei Zusatz
von Kali und Kupfervitriol violett. — Fäces rein blutig; starker
Tenesmus.
Am 7. Tage (Morgens Temperatur 39,3 °) grosse Unruhe, Füsse
kühl, Lippen blass; Augen im Schlafe halb geschlossen. Saugen geschah öfters, aber immer nur auf ganz kurze Zeit. Dreimaliges

Erbrechen am Vormittage; jedesmal 5—15 Minuten nach dem Saugen. Die Massen enthielten viel Schleim und etwas ungeronnene Milch, reagirten neutral; Filtrat I blieb beim Kochen klar, trübte sich stark bei Zusatz verdüunter Kalilauge. Peptone nicht zu constatiren.

Am 8. Tage Mittags Tod.

Fall 39.

Carl P., 7 Wochen alt, an der Mutterbrust. Erysipelas migrans. Am 1. Tage erysipelatöse Röthe und Schwellung des Scrotum, Unruhe, rascher Athem. Einmaliges Erbrechen gleich nach dem Saugen. Am 2. Tage Morgens 39 °. Stühle dünn mit Caseïnflocken. Erbrechen zweimal. Das letzte Mal, welches 15 Minuten nach dem Saugen erfolgte, war die Masse sauer, dick geronnen. Filtrat I wurde beim Kochen opalisirend, bei Zusatz von Essigsäure trüber: 20 Grm. des Filtrats erforderten zur Neutralisirung 0,7 Grm. der Normalnatronlösung und weitere 20 Grm. lieferten 2 Ctgrm. Chlorsilber. Im Filtrat II brachte Kalilauge und Kupfervitriol intensiv violette Färbung hervor. Am 3. Tage Morgens 39,2 °. Röthung greift auf den Unterleib über. Am 4. Tage Morgens 39 °. Röthung über den grössten Theil des Unterleibes verbreitet. Stühle dünn, gelblich, mit weissen Flocken; einmaliges Erbrechen 5 Minuten nach dem Saugen. Die Masse ist schwach sauer, nicht geronnen, etwas schleimig. 20 Grm. des Filtrats I erfordern zur Neutralisirung 0,35 Grm. Normalnatronlösung. Im Filtrat II erzeugt Kalilauge und Kupfervitriol eine ganz schwache violette Färbung. Vom 5.—9. Tage dieselbe Fieberhöhe; das Erysipel greift auf die Vorderfläche der Brust und den Hals über. Kein neues Erbrechen. Am 10. Morgens 39,8 °. Grosse Unruhe, wenig Lust zum Saugen. Stühle zahlreich, wässrig, schaumig. Schleimrasseln. Abends Erbrechen ca. 20 Minuten nach dem Saugen. Die Masse ist sauer, im Filtrat I bringt Kochen Opalisirung hervor, und im Filtrat II erzeugt Kalilauge und Kupfervitriol keine violette, sondern aschgraue Färbung, Quecksilberchlorid keine Trübung. Am 11. Tage saugt das Kind nicht mehr; kühle Füsse, Zunahme des Schleimrasselns, Tod.

Ein ungemein reiches und werthvolles Material liefern endlich die Fälle von acuter Gastro-enteritis der Kinder, bei der ja das Erbrechen leider das hauptsächlichste Symptom ist. Aber wir müssen bedenken, dass es hier nicht das Fieber ist, welches die Dyspepsie resp. die Apepsie bedingt, sondern dass das locale Leiden

die Ursache der Functionsstörungen abgibt, und müssen uns demnach
hüten, aus dem hier Gefundenen Schlüsse auf den Zustand der Verdauung in anderen febrilen Krankheiten zu ziehen. Gerade, weil ein
Unterschied zwischen einer nur durch das Fieber bedingten und
einer durch entzündliche Affection der Magenschleimhaut in einer
fieberhaften Krankheit erzeugten Dyspepsie zu statuiren ist, so sehr
sich auch die beiden Formen in vieler Beziehung gleichen, haben
wir vorgezogen, die Functionsstörung des Magens in der acuten
Gastro-enteritis gesondert zu beschreiben. Statt aber aus den zahlreichen Fällen einzelne hervorzuheben, schien es um des praktischen
Zweckes dieser Arbeit willen hier rathsamer, das Wesentliche der
Störung in kurzer Uebersicht zu zeichnen; es möchte sonst die Klar-
stellung der bezüglichen Verhältnisse schwer gelingen.

Es ist nun zunächst zu constatiren, dass es hinsichtlich des
Verhaltens der Magenfunction zwei unter sich grundverschie-
dene Formen der in Frage stehenden Krankheit gibt. In der einen
ist die im Verhältniss mit anderen fieberhaften Krankheiten ausserordentlich hoch gesteigerte Reflexerregbarkeit des Magens die Hauptsache. Das Genossene wird fast unmittelbar, nachdem es in den
Magen gelangt, wieder erbrochen, ehe einmal durch den Magensaft,
wenn überhaupt, was sehr zu bezweifeln, ein solcher, d. h. ein
wirksames Secret vorhanden ist, eine Veränderung hervorgebracht
werden konnte. Die Reizbarkeit des Magens ist dann oft so gross,
dass nur das Allerindifferenteste, Pflanzenschleim oder Eiswasser,
auch dieses nicht einmal immer beibehalten wird. In der anderen
Form tritt die erhöhte Reizbarkeit nicht in den Vordergrund; die
kleinen Patienten erbrechen auch, aber nicht sofort nach dem Genusse und nicht so regelmässig. Einige Zeit, nachdem sie ihre Nahrung zu sich genommen, werden sie unruhig, verzerren das Gesicht,
beginnen zu würgen, und endlich 15—20—30 Minuten oder noch
länger nach dem Genusse kommt es zum Erbrechen. Die betr.
Masse enthält ausser der Nahrung wässrigen Schleim; die Reaction
ist in der Regel sehr stark sauer, weniger stark bei Anwesenheit
reichlichen Schleimes. Die Säuren sind Butter-, Propion-, Essig-,
Milchsäure, der Gehalt an Salzsäure ist selbst bei stark saurer
Reaction nur gering, wenn man mittelst derjenigen Methode untersucht, die Seite 40 besprochen wurde, und immer erheblich unter
der Norm. Peptone werden nur selten ganz vermisst; ihr Mengen-
verhältniss ist jedoch sehr wechselnd. Es ist wohl nicht ungerechtfertigt, wenn wir als Ursache des Erbrechens das Auftreten jener

abnormen Säuren, auf welche ja der kindliche Verdauungstractus so leicht und so heftig reagirt, ansehen, und wenn wir den zu geringen Salzsäuregehalt, beziehungsweise den Schleim für die Ursache der abnormen Säuren erklären. Ob der Salzsäuregehalt jedoch von vornherein zu gering ist, oder ob das Minus durch eine theilweise Neutralisation herbeigeführt wurde, lässt sich noch nicht bestimmen.

Zwischen beiden Arten, unter denen das Erbrechen sich kundgibt, finden allerdings Uebergänge statt. Nicht selten beginnt eine acute Gastro-enteritis ziemlich harmlos mit sparsamem Erbrechen und wenig frequenten Durchfällen. Dauert die Ursache, die ja meist in der Nahrung liegt, fort, wird nicht jede leicht in saure Gährung übergehende Nahrung, wie z. B. Milch, ferngehalten, so steigert sich das Erbrechen, wie auch, da nicht Alles wieder erbrochen wird, die Durchfälle, und gar nicht selten nimmt ersteres durch immer sich erneuernde Reizung des Magens schliesslich den Charakter des hyperästhetischen Erbrechens an. Oft bewirkt auch die Darreichung eingreifender Medicamente, oder die zu frühzeitige Anwendung von Alcoholicis den Uebergang der weniger heftigen in die heftige Form des Erbrechens. Oftmals mögen auch Hyperästhesie und saure Gährung gleichzeitig und gleichmässig wirkende Ursache des Erbrechens sein.

Alles dies zeigt hinreichend, wie Vieles wir hinsichtlich der Störung der Magenverdauung aus dem Erbrechen lernen können. Wir erkennen, dass unter Umständen im Fieber einzelne Functionen des Magens ganz ausfallen, dass sie in anderen Fällen sehr erheblich, in anderen weniger bedeutend alterirt sind, und lernen daraus die Nothwendigkeit, jeden Fiebernden auch hinsichtlich der Pathologie der Verdauung für sich zu studiren. Eine besondere Erwähnung dürfte noch der Fall Nr. 12 verdienen. Hier trat am 10. Tage, nachdem am Abend vorher bei hochstehendem Fieber Chinin zu 1,5 Grm. gereicht war, ein erheblicher Temperaturabschlag ein. An dem nämlichen Tage waren im Erbrochenen Peptone nachzuweisen, die an den drei Tagen vorher und am Tage nachher bei höherem Stande der Temperatur ganz fehlten. Hier muss die abnorme Bluthitze an sich, rein functionell eine Sistirung der Secretion der Labdrüsen herbeigeführt haben, da nur die Annahme einer solchen Wirkung die obige Thatsache auf ungezwungene Weise erklärt.

3. Das Verhalten der Gallenabsonderung.

Gehen wir nunmehr vom Magen auf die Leber über, ,so kann es sich für unsern Zweck wesentlich nur darum handeln, welche Modificationen die Absonderung der Galle in acuten Krankheiten erleidet. Wir wissen, dass sie in denselben vielfach wässriger ist, weniger feste Bestandtheile enthält und in geringerer Menge abgesondert wird.[1]) Mitunter hört ihre Secretion sogar ganz auf, so beispielsweise in sehr schwerem Typhus, in welchem ja die Leber so bedeutende Veränderungen der anatomischen Structur erleidet. Ranke[2]) konnte in einem derartigen Falle weder Gallenfarbstoff noch Gallensäuren in dem schleimigen Inhalte der Gallenblase constatiren. Es ist auch bekannt, dass in schwerer Dysenterie die Entleerungen anfänglich der Beimengung von Galle entbehren, dass dieselben jedoch im weiteren Verlaufe vielfach von Biliverdin stark grün gefärbt erscheinen, und dass in den Choleradejectionen die Galle fast immer vermisst wird. Was eigene Beobachtung noch hinzuzufügen hat, ist Folgendes:

Bei einer 45jährigen, mit einer Darmfistel in der rechten Fossa ileopectinea behafteten Frau erschienen während einer mittelschweren, völlig regulär verlaufenden Pneumonie die besonders bei heftigem Husten in der Fistelöffnung zum Vorschein kommenden dünnflüssigen Massen an allen Tagen mit Ausnahme des fünften gelblich gefärbt oder mit gelblichen Streifen durchsetzt.

Wurden diese Massen mit schwacher Natronlauge behandelt, dann filtrirt und etwas Essigsäure und Chloroform zugesetzt, so liess sich nach dem Verdunsten dieses letzteren an dem dunkelgrünen Residuum mit Salpetersäure der Gallenfarbstoff nachweisen.

Bei einem an schwerem Abdominaltyphus erkrankten, 18 Monate alten Kinde (Fall 12), welches während der Krankheit die frühere Nahrung, Abkochung von Maizena nebst Zusatz von einem Dritttheil Kuhmilch, weiter erhielt, weil es jede andere Kost verweigerte, liess sich vom 4. Tage an, an welchem es in Behandlung kam, bis zum 10. in den dünnen Stühlen Gallenfarbstoff nur in Spuren und nicht einmal immer mit voller Deutlichkeit der Reaction nachweisen. Von da an erschien zuerst in kleinen Streifen, dann in grösseren Massen

---

1) Vgl. Liebermeister, Path. u. Therapie des Fiebers S. 198.
2) Ranke, Grundzüge der Physiol. des Menschen. 3. Aufl. S. 292.

grün wie Chlorophyll gefärbter Schleim auf und in den breiiger gewordenen Fäces. Wurden diese Massen möglichst isolirt, mit Alkohol versetzt, dann filtrirt, das Filtrat mit Chloroform geschütttelt, so nahm letzteres grüne Farbe an. Nach Entfernung des Alkohols und Verflüchtigung des Chloroforms blieb ein grüner Rückstand, und an diesem brachte Salpetersäure den bekannten Farbenwechsel hervor. Bei Säuglingen, welche an acuten Brustaffectionen, z. B. lobulärer Pneumonie, erkrankt sind, erscheinen meistens in den ersten Tagen gelblich gefärbte dünnere Fäces, die reichliche Caseïnklümpchen enthalten. Später schwinden diese Klümpchen in der Regel, das Entleerte wird vollkommen gleichförmig, schleimig, und zeigt eine gelblichgrüne, der Schmierseife ähnliche Farbe. Mit der Abnahme des Fiebers, oder wenn die Krankheit sich in die Länge zieht, auch noch bei ziemlich hochstehendem Fieber, zeigen sich in der gelblichgrünen Masse heller gefärbte Flocken, dann treten meist die rundlichen Caseïnklümpchen wieder auf, bis nach kurzer Zeit normal gefärbte und normal consistente Fäces wieder entleert werden. Während aller Stadien aber lässt sich in den letzteren Gallenfarbstoff als Bilirubin oder Biliverdin nachweisen.

An einer mit einer Gallenfistel behafteten Frau konnten wir, wie schon früher in einer anderen Abhandlung erwähnt ist, constatiren, dass mit dem Beginn einer acuten Krankheit, zuerst der Lungenentzündung, und dann der Ruhr, der Abfluss der Galle auf einmal nachliess und mit dem Aufhören der febrilen Erregung sich wieder einstellte. Bei einem anderen Patienten, der, 60 Jahre alt, auf der Mitte zwischen Proc. xiph. und Spin. anter. sup. ossis ilium in der Lebergegend eine täglich ca. 30 Grm. schleimig-eitrig ausseender, gallig gefärbter Flüssigkeit entleerende Oeffnung hatte, liess sich ebenfalls das Aufhören dieses Ausflusses während einer Pneumonie des rechten unteren Lappens beobachten. Gleich am ersten Tage wurde die Oeffnung trocken, der prominirende Wall sank ein, so dass eine Art trichterförmigen Kanales entstand. Am 7. Tage trat nach übrigens regulärem Verlaufe Defervescenz ein, am 8. war das Fieber ganz geschwunden und erst jetzt erschien der Ausfluss wieder in der früheren Beschaffenheit, wenn auch etwas sparsamer.

Aus diesen Beobachtungen lässt sich nun ein genaues Bild der Veränderungen nicht entwerfen, welche die Absonderung der Galle in acuten Krankheiten erleidet. Jedoch kann man so viel wohl mit Bestimmtheit annehmen, dass auch die Galle während des Fiebers in verminderter Menge abgesondert wird, und dass eine vollständige

Sistirung des Eintrittes von Galle in den Darm nur dann stattfindet, wenn sie, wie das vielleicht nur in sehr schweren Zuständen vorkommt, gar nicht mehr secernirt wird, oder wenn durch zufällige Complication, wie auch bei nicht fieberhaften Leiden, der Eintritt in das Duodenum behindert ist. Was endlich die Qualität der Galle Fiebernder betrifft, so ist bereits der bei acuten Krankheiten der Kinder so häufigen Umwandlung des Bilirubin in Biliverdin gedacht worden, die im Darme unter dem Einflusse freier Säure vor sich zu gehen scheint. Die übrigen Modificationen der Beschaffenheit der Galle, das Auftreten von Leucin und Tyrosin, sowie von Harnstoff in derselben, bieten für unsern Zweck weniger Interesse.

4. Das Verhalten des Pankreassaftes.

Noch weniger Bestimmtes ist über die Secretion des Bauchspeicheldrüsensaftes zu sagen. Dr. Zweifel verwandte die wässrigen Extracte der betr. Drüse, um die etwaige Functionsfähigkeit derselben festzustellen.[1]) Bei der Untersuchung des Pankreas eines am Brechdurchfall gestorbenen 2 Monate alten Kindes hatte das wässrige Extract dieser Drüse saccharificirende Kraft; eine Peptonbildung konnte mit demselben nicht hervorgebracht werden, aber neutrale, mit ihr zusammengelassene Butter wurde intensiv sauer. Ueberhaupt schien ihm die Diarrhoe der Säuglinge eine tiefere Störung der Pankreassecretion zu verursachen.[2]) Wir benutzten zwei allerdings für diesen Zweck von vornherein sehr geeignet scheinende Fälle zu einer Bestimmung des Verdauungsvermögens der Bauchspeicheldrüse in fieberhaften Krankheiten. Der eine Fall betraf das oben erwähnte typhuskranke Kind von 1½ Jahren. An einem Tage, an welchem das eine halbe Stunde nach dem Genusse Erbrochene auch nicht die geringste Spur von Peptonen zeigte, wurden die grauweissen, dünnbreiigen Fäces in beträchtlicher Quantität gesammelt und sofort untersucht. Sie reagirten sauer, ein wässriges Extract hatte schwach gelbliche Farbe, wurde beim Kochen etwas

---

1) Dr. Zweifel, Untersuchungen über den Verdauungsapparat der Neugebornen. 1874. — Desgleichen Korowin (a. a. O.), Aufgüsse des Pankreas von Kindern, die an fieberlosen und fieberhaften Leiden gestorben waren.

2) Gewiss liegt bei vielen Diarrhöen das Umgekehrte vor, dass sie in Folge einer Aenderung des Pankreassaftes auftreten, resp. schlimmer werden.

trübe und zeigte nach nochmaligem Filtriren bei Zusatz von Aetzkalilauge und schwefelsaurem Kupferoxyd eine kaum bemerkbare
violette Färbung, die beim Kochen nicht gelb oder röthlich wurde.
Die Untersuchung auf Seifen, die in der von Wegscheider[1]) angegebenen Weise geschah, ergab negatives Resultat.

Der zweite Fall betraf die oben gleichfalls schon erwähnte, mit
einer rechtsseitigen Darmfistel behaftete Frau, als sie an einer croupösen Pneumonie erkrankte. Von der am 5. Tage ausfliessenden,
neutral reagirenden, grauweiss gefärbten Masse wurden 25 Grm. gesammelt und alsbald filtrirt. Das klare, fast farblose Filtrat wurde
mit etwas Salzsäure versetzt, gekocht und, als eine ziemliche Trübung entstand, auf's Neue filtrirt. Alsdann wurde Aetzkalilauge und
schwefelsaures Kupferoxyd zugesetzt; es entstand dabei eine violette
Färbung, die beim Kochen sich röthete. Die weitere Untersuchung
unterblieb, weil eine absolut fettlose Nahrung — Grieswassersuppe
— genossen war.

Aus diesen wenigen Untersuchungen einen Schluss in Bezug auf
die Modificationen der Absonderung des Pankreassaftes in acuten
Krankheiten überhaupt zu ziehen, würde allzu gewagt sein. Jedoch
gehen wir gewiss nicht fehl, wenn wir annehmen, dass in solchen
Krankheiten zum Mindesten die Menge dieses Secretes erheblich verringert ist.

5. Die Verdauung im Dünn- und Dickdarm.

Die Verdauung im Dünndarm erleidet im Fieber sehr oft erhebliche Störungen. So besteht in den meisten acuten Leiden der
Säuglinge von irgend erheblicher Intensität ein bald mehr, bald weniger ausgeprägter Dünndarmkatarrh, welcher sehr häufig dadurch
bedingt ist, dass die Milch in diesen Theil des Digestionstractus in
einem Zustande eintritt, welcher von der Norm weit genug entfernt
ist, um einen reizenden Effect auszuüben. Daher erscheinen bei
diesen kleinen Patienten Durchfälle, die sonst im Fieber etwas Un-
gewöhnliches, auch bei ihnen aufhören oder doch sich erheblich
vermindern, sobald statt der Milch eine Schleimsuppe verordnet
wird. Dass derartige Zustände, abgesehen von sonstigen Benach-

---

1) Die normale Verdauung bei Säuglingen von Dr. H. Wegscheider,
1875. S. 25.

theiligungen des Organismus, auf die wir noch zurückkommen werden, die Resorption im Dünndarm erheblich schädigen, liegt auf der Hand. Ein anderes Moment, welches in fieberhaften Krankheiten auch der Erwachsenen die Aufsaugung im Darme nachtheilig beeinflusst, ist die gar nicht selten bestimmt zu erweisende Erschlaffung desselben. Die regelmässigen und kräftigen Contractionen der muskulösen Elemente sind eben ein äusserst wichtiges Moment für die Bewegung innerhalb der kleinen Venen und der Lymphgefässe des Darmes — kein Wunder also, wenn mit dem völligen Wegfall oder dem Schwächerwerden der Contractionen die Aufsaugung sich vermindert. Ueber etwaige Veränderung des physiologischen Dünndarmsecretes in acuten Krankheiten ist weder aus fremden, noch aus eigenen Beobachtungen etwas anzugeben.

Was endlich den Dickdarm anbelangt, so ist wenigstens in Bezug auf den unteren Theil desselben mit grosser Bestimmtheit zu sagen, dass hier die Aufsaugung von Proteïnstoffen, wie in nicht fieberhaften, so auch in fieberhaften Zuständen sehr wohl möglich ist, wenn nicht etwa örtliche Affectionen es hindern. Wir haben nun bereits mehrfach in jenen schwersten Formen von acuter Gastro-enteritis kleiner Kinder, in welchen der Magen nichts annimmt, geschweige denn verdaut, und die Gefahr der Gehirnanämie drohend heraufsteigt, durch Lösungen von Peptonen, die in einem Klystiere beigebracht wurden, so ausserordentlich günstige Resultate erzielt, dass schon hieraus die Aufnahme wenigstens eines Theiles dieser Proteïnstoffe gefolgert werden kann. Der directe Beweis liess sich bei der Unmöglichkeit, den Urin der kleinen Patienten zu sammeln, nicht erbringen. Wohl aber war dies in einem anderen Falle möglich.

Eine schwächliche, anämische Frau von ca. 34 Jahren, die schon lange Zeit, Wochen hindurch, an dyspeptischen Zuständen litt, erkrankte neben vielen anderen Hausgenossen am Typhus abdominalis und erhielt, da sie am 8. Tage regelmässig alle Nahrung wieder erbrach, auch am 9. Morgens steten Würgreiz hatte, am 9. und 10. nur Eispillen nebst Pflanzenschleim und täglich zweimal eine Peptonlösung per klysma. Nun ergab sich:

	Temp. Morgens	Urin pro die	Harnstoff
Am 8. Tage der Krankheit	39,2 ⁰	620 Cbctm.	31,0
(bei Gerstenschleim mit Kalbfleischsuppe)			
am 9. Tage	39,0 ⁰	710 „	32,6
am 10. Tage	39,0 ⁰	680 „	36,5

	Temp. Morgens	Urin pro die	Harnstoff
am 11. Tage	38,9 ⁰	620 Cbctm.	35,7
(Gerstenschleim mit ⅓ Milch)			
am 12. Tage	39,3 ⁰	800 „	32,8
(desgl. nebst Kalbfleischsuppe)			
am 13. Tage	39,0 ⁰	720 „	32,6
(desgl. nebst Kalbfleischsuppe).			

Mit den Klystieren waren jedesmal 130 Grm. Flüssigkeit nebst den Peptonen von ca. 15 Grm. Albumin beigebracht worden.

Aus der Summe aller dieser immerhin noch höchst lückenhaften Untersuchungen lässt sich doch ein etwas präciseres Bild der Modificationen des Verdauungsprocesses in fieberhaften Krankheiten gewinnen. Gehen wir nur nach dem thatsächlich Nachweisbaren, so erscheint uns die febrile Dyspepsie der gewöhnlichen afebrilen in vieler Beziehung nahestehend und doch wieder in anderer Beziehung eigenartig. Sie ist ein Zustand mehr oder weniger intensiv gestörter Thätigkeit nicht des Magens allein, sondern sämmtlicher Verdauungsorgane, und hat ihren Grund in quantitativer und qualitativer Alteration der betr. Drüsensäfte, sowie in einer Störung der geregelten Thätigkeit der Muskulatur des Digestionstractus und auch der Aufsaugung. Sie charakterisirt sich durch eine hervorragende Empfindlichkeit und Reizbarkeit der Schleimhaut des Magens und Darmes, aus welcher unter Umständen weitere örtliche und allgemeine Störungen resultiren. Jeder irgendwie erheblichen acut-fieberhaften Krankheit auch bei vorsichtigster diätetischer Behandlung eigen, und von vornherein mehr functioneller Natur [1]), complicirt sie sich manchmal mit hyperämischen und entzündlichen Affectionen der Digestionsorgane selbst, wie sie durch Diätfehler oder durch anderweitige, uns noch nicht näher bekannte Schädlichkeiten hervorgerufen werden (z. B. die starke gastrische Complication bei biliöser Pneumonie). Die Symptome, welche die reine Fieberdyspepsie macht, sind: Abnahme des Appetites bis zum völligen Widerwillen vor jeder Nahrung, belegte Zunge, Trockenheit des Mundes, Durst, Druck in der Magengegend nach dem Genusse consistenter Speisen, Uebelkeit, Würgreiz, Verstopfung, und bei den meisten fieberhaften Krankheiten der Säuglinge Durchfall.

---

1) Dass im weiteren Verlaufe die pathologisch-anatomischen Veränderungen der betreffenden Drüsen eine wichtige Rolle spielen, ist selbstverständlich. Vgl. übrigens Fall 13.

Erörterung der Frage, ob die Ernährung durch Proteinsubstanzen im Fieber eine Steigerung desselben hervorruft.

Ehe wir nun auf Grund dieser Untersuchungen über die Störung des Verdauungsprocesses zu einer Darstellung der Fieberdiätetik schreiten, ist es nothwendig, eine äusserst wichtige Vorfrage zu erledigen, nämlich die, ob eiweisshaltige Nahrung ein vorhandenes Fieber zu steigern, überhaupt nachtheilig bei demselben zu wirken im Stande ist, oder nicht. Bekanntlich ist man, wie schon oben gesagt wurde, vielfach der Ansicht, dass diese Frage zu bejahen sei, obgleich die Praxis sich entschieden für die Nothwendigkeit der Darreichung gewisser Mengen von Protein auch an Fiebernde ausgesprochen hat. Verfasser dieser Arbeit erklärte sich schon früher dahin [1]), dass nicht die eiweisshaltige Nahrung an sich das Fieber erhöhe, sondern dass dieser Effect nur dann eintrete, wenn jene Nahrung nicht gehörig verdaut werde oder an sich aus irgend einem anderen Grunde, der mit dem Eiweissgehalte nichts zu thun habe, eine örtliche oder allgemeine Erregung hervorrufe. — Es fragt sich nun, wo denn die Wahrheit liegt, und ob sich dieselbe überhaupt mit Bestimmtheit ermitteln lässt. — Um dies zu finden, ist es zunächst nothwendig, dass wir unterscheiden zwischen dem Genusse von Eiweissstoffen und der wirklichen Aufnahme derselben ins Blut, was nicht immer genug auseinander gehalten worden ist. Dass die Aufnahme von Proteinstoffen, die ja im Fieber wegen der Störung der Peptonisirung und der Resorption meist sehr unbedeutend ist, den Stoffwechsel in dem Maasse steigert, um eine vorhandene febrile

---

1) Archiv für klinische Medicin. Bd. XIV. 1874.

Erregung unter allen Umständen zu erhöhen, muss entschieden bestritten werden. Der oben erwähnte Versuch mit der per klysma beigebrachten Peptonlösung liefert schon einen Beleg, dass der Uebergang von Proteinstoffen ins Blut Fiebernder, wenn er auch die Harnstoffmenge vergrössert, nicht jedesmal zugleich die Fieberhitze erhöht. Ganz unwiderleglich lehren aber die lentescirenden Fieber die Unhaltbarkeit der Lehre von der Steigerung jedes Fiebers durch Eiweissnahrung. Denn, wenn bei solchen Leiden, also beispielweise bei chronisch febrilen Lungenkranken, das Verdauungsvermögen nach anfänglicher stärkerer Störung sich wieder hergestellt und damit insbesondere die bedeutende Reizbarkeit der Digestionsorgane sich gemässigt hat, können, die sonstige Intactheit der letzteren vorausgesetzt, allmählich wieder rohes Fleisch, Eier, Milch, selbst weicher Braten, vollständig verdaut werden, ohne dass das noch vorhandene Fieber sich verschlimmert. Wenn man nämlich derartige Patienten eine gewisse Zeit hindurch mit ganz stickstoffarmer und nachher mit stickstoffreicher Kost behandelt, so zeigt die thermometrische Untersuchung, dass bei dieser nährenden Diät die Temperatur keineswegs höher ist, als bei jener wenig nährenden, vorausgesetzt, dass die gereichte Speise der Menge, der Beschaffenheit und der Zeit nach dem Verdauungsvermögen vollkommen angemessen war, und dass insbesondere kein zu plötzlicher Uebergang Statt gefunden hatte. Ja, es kommt bei besonders günstigen Digestionsverhältnissen vor, dass solche Patienten trotz des Fiebers ihr früheres Gewicht erreichen und selbst etwas überschreiten. Es ist ferner gar nicht so überaus selten, dass bei fiebernden Säuglingen, z. B. bei heftiger lobulärer Pneumonie, auf der Höhe der Krankheit, die vorher diarrhöischen Faeces auf einmal in Farbe und Consistenz, ja auch in chemischer Beziehung wieder ein normales Verhalten zeigen; was in prognostischer Beziehung ein ungemein wichtiges Zeichen ist. Wer nun die Ansicht hat, dass stickstoffhaltige Nahrung das Fieber erhöht, der wird doch zugeben, dass hier, wo mit Sicherheit eine Aufnahme von Proteinstoffen ins Blut Statt hat, das Fieber entschieden zunehmen müsste. Aber dies tritt nicht ein, in der Regel sogar das gerade Entgegengesetzte, da einer derartigen raschen Restauration des Verdauungsvermögens die Besserung aller übrigen Symptome ebenso rasch zu folgen pflegt.

Solche Thatsachen, sollte man meinen, sprächen doch deutlich genug gegen die Berechtigung einer Generalisirung jener Theorie, dass im Fieber die Aufnahme von Eiweissstoffen verschlimmernd wirke. Wäre dies wahr, wären die Resultate der Untersuchungen von Huppert und Riesell [1]), dass eine Steigerung der Eiweiss-zufuhr auch eine Steigerung des Organeiweisszerfalles bedinge, und dass bei Fiebernden kein Stickstoffgleichgewicht durch eine solche grössere Zufuhr zu erzielen sei, auf alle Fälle anwendbar, so würde es verkehrt und von schlimmen Folgen begleitet sein, wenn man überhaupt einem Patienten, so lange er fiebert, einen Zuschuss an stickstoffhaltiger Nahrung geben wollte. Die Beobachtung lehrt aber, dass es sehr wohl febrile Kranke gibt, denen man ohne solche Gefahr, ja mit dem entschiedensten Nutzen für ihre Ernährung, eine steigende Zufuhr von stickstoffhaltiger Nahrung gewähren kann. Es deutet sogar sehr Vieles darauf hin, dass diejenigen Mengen von Proteïnstoffen, welche durch das jeweilige Verdauungsvermögen der Fiebernden und entsprechend demselben ins Blut aufgenommen werden, dem Organismus keinen Schaden bringen.

Mit dieser Ansicht steht keineswegs die Thatsache in Wider-spruch, dass der Genuss eiweisshaltiger Nahrung sehr häufig ein vorhandenes Fieber erhöht. Nur liegt dann der Grund dieser Ver-schlimmerung nicht oder fast niemals in dem Eiweissgehalte an sich, sondern in anderen Umständen. Die Bedingungen aber, unter welchen stickstoffreiche Nahrung, ja es möge gleich hinzugesetzt werden, auch stickstoffarme und stickstofflose, ein vorhandenes Fieber vermehren kann, sind mehrfacher Art. In den meisten Fällen ist es die Menge oder die Consistenz des Genossenen, welche durch eine bei Fiebernden so leicht das Maass des Physiologischen über-schreitende Reizung des Digestionstractus die febrile Erregung er-höht. Diese vielleicht rein mechanische Reizung, wie sie ja auch bei Reconvalescenten mitunter nach bereits völlig geschwundenem Fieber eine meist rasch wieder vorübergehende Temperatursteigerung erzeugt, aber auch nicht selten nach dem Ablauf der eigentlichen Krankheit durch Unterhaltung eines Intestinalkatarrhes (Typhus, Masern) einen fortlaufenden leichten Fieberzustand hervorruft, wirkt während des acuten Leidens ganz in der nämlichen Weise, meistens sogar noch viel heftiger. Und in dieser Beziehung erweisen sich Kartoffeln und Obst ebenso nachtheilig, wie das ungleich stickstoff-haltigere Fleisch; je consistenter diese Substanzen genossen werden, und in je grösserer Menge, um so mehr wird das Fieber gesteigert. Der Stickstoffgehalt ist dabei irrelevant. Von grossem Einfluss auf

1) Archiv für Heilkunde. X. S. 222.

den Grad der Verschlimmerung des Fiebers ist aber das Maass der
Hyperästhesie des Digestionstractus. Wo sie in hervorragender
Weise vorhanden ist, wie im Typhus abdominalis, in der acuten
Gastro-enteritis, in der Dysenterie, und ganz besonders in der Peritonitis, da pflegt auch der Genuss einer zu reichlichen oder einer
consistenten Kost ganz erhebliche Steigerung des Fiebers zur Folge
zu haben.

Eine zweite Ursache dieser Verschlimmerung ist .die Reizung
der Verdauungsschleimhaut durch Producte der Zersetzung oder
Gährung innerhalb des Genossenen, also beispielweise durch Butter-,
Milch- oder Essigsäure, wenn sie in grösserer Menge auftreten [1]).
Es ist gewiss richtig, wenn wir die bei fast allen febrilen Erkrankungen der Säuglinge auftretende Enteritis und die bei gewisser
Heftigkeit derselben, resp. geringer Resistenz der Betroffenen statt-
habende Fiebersteigerung darauf zurückführen, dass die Milch sehr
rasch eine saure Gährung eingeht und nun zugleich mit dem derber
und in grössere Klümpchen geronnenen Casein die entstandene, durch
verminderte Zufuhr alkalischer Secrete nicht genügend neutralisirte
Milchsäure einen allzu intensiven Reiz auf die Schleimhaut ausübt.
Dass an dieser Wirkung nicht der Stickstoffgehalt der Milch die
Schuld trägt, geht daraus hervor, dass die Durchfälle resp. das erhöhte Fieber nachlassen, wenn wir, selbstverständlich in Fällen mit
einigermassen erhaltenem Verdauungsvermögen, einige Tage keine
Milch, sondern eine Stickstoffgehalte ihr gleichkommende Zube-
reitung von Gerstenschleim mit Malzextract reichen. —

Eine fernere Ursache der Steigerung eines vorhandenen Fiebers
durch die Nahrung liegt darin, dass dieselbe zu heiss genossen wird
oder zu reich an excitirenden Substanzen ist, wenn schon feststeht,
dass hier die üble Wirkung selten in erheblicherem Grade sich
geltend macht. Dass aber heisser, starker Kaffee bei Fiebernden
eine Temperaturerhöhung, wenn auch nur von einigen Zehntheilen
eines Grades hervorrufen kann, haben wir mehrmals constatirt. Auch
die Fleischbrühe, die ja eine nicht unerhebliche Menge anregender
Substanzen enthält und in der Regel sehr warm genossen wird, ruft
zweifellos mitunter bei hochgradiger Hyperästhesie und bei nervösen
Constitutionen eine geringe Steigerung des Fiebers hervor, wie Verfasser dies in Fällen von Dysenterie aufs Bestimmteste beobachtet hat.

---

1) Dass die Zersetzungsproducte der Proteïnstoffe in verringertem Maasse
eine solche Wirkung haben, ist durch Nichts erwiesen.

Und nun noch eine Frage. Es ist oben gezeigt worden, dass die geringen Eiweissmengen, die in den meisten acuten Krankheiten aus der Nahrung in die Blutmasse übergehen, eine Erhöhung des Fiebers nicht hervorrufen. Könnte aber nicht der Genuss einer allzu viel Protein enthaltenden Kost in solchen Fällen hochgradig gestörten Verdauungsvermögens eben dadurch, dass das Meiste unverdaut bleibt, das Fieber steigern, auch wenn alle übrigen Bedingungen einer schädlichen Wirkung ausgeschlossen sind? Die Antwort geht dahin, dass eine solche Verschlimmerung allerdings eintreten kann, wenn der Eiweissgehalt ausser allem Verhältniss zu dem geschwächten Verdauungsvermögen steht, weil die Zersetzung grösserer Mengen von Eiweiss ihren nachtheiligen Einfluss geltend machen dürfte. Wird aber das Leistungsvermögen der Digestionsorgane einigermassen berücksichtigt, so findet gewiss nur selten oder gar nicht durch den Genuss von Proteinstoffen an sich eine Fiebersteigerung statt. Ist die betreffende Nahrung nur dünnflüssig und sind gar keine anderweitige schädliche Momente in ihr vorhanden, so kann der Eiweissgehalt das Maass des zu Verdauenden schon etwas überschreiten, ohne dass die gefürchtete Wirkung eintritt. Den besten Beweis dafür wird Jeder in seiner eigenen Praxis finden, da es ja auch bei der sorgsamsten Prüfung jedes einzelnen Falles immer noch oft genug vorkommt, dass wir dem Patienten mehr Protein reichen, als er zu verdauen im Stande ist. Damit ist aber nicht im Mindesten gesagt, dass eine derartige Kost, weil sie nicht unbedingt das Fieber vermehrt, keine anderweitigen Nachtheile habe, und dass man deshalb mit dem Zusatz von Protein zu übrigens richtig hergestellten Zubereitungen nicht vorsichtig zu sein brauche. Es ist vielmehr geradezu darauf aufmerksam zu machen, dass die Nichtverdauung von Protein im Fieber Zunahme des Zungenbeleges und Abnahme des etwa noch vorhanden gewesenen Appetites auch ohne Steigerung der Temperatur hervorzurufen vermag. Eine derartige Wirkung kann man beispielsweise nach dem Genusse von Eiweisswasser eintreten sehen, auch wenn dasselbe keinen weiteren Zusatz bekommen hat.

Die Ernährung
der acut-febrilen Kranken im Allgemeinen.

———

Wenn es sich nun darum handelt, eine Diät für acut-fieberhafte
Krankheiten festzustellen, so ist zunächst daran zu erinnern, dass es
eine allgemeine Fieberdiät nicht gibt. Es muss eben jeder einzelne
Fall auch in dieser Beziehung individuell behandelt werden, wie dies
hinsichtlich der sonstigen therapeutischen Maassnahmen längst als
nothwendig erkannt ist. Nun lässt sich freilich für jeden einzelnen
Fall die Diät nicht von vornherein vorschreiben; wohl aber ist es
möglich, gewisse allgemeine Grundsätze aufzustellen, nach denen
jedesmal gehandelt werden muss.

Der acut-febrile Kranke zehrt in sehr bedenklichem Grade an
seinem Fleisch und Blut, und läuft Gefahr, bei anhaltendem Fieber
dem Inanitionstode zu verfallen. Ist diese Gefahr von mancher Seite
auch etwas zu stark geschildert worden, so ist sie doch keineswegs
wegzuleugnen, und muss bei der Anordnung der diätetischen Maassnahmen entschieden berücksichtigt werden. Diese Beachtung der
febrilen Consumtion ist aber auch bei den weniger lange anhaltenden,
also weniger die Gefahr des Inanitionstodes darbietenden acuten
Krankheiten durchaus nothwendig, weil man nie wissen kann, ob
nicht durch Recidive oder irgend welche Nachkrankheiten, die schon
herabgesetzten Kräfte des Patienten noch weiter in Anspruch genommen werden. Ausserdem ist zu bedenken, dass eine beträchtliche Schwächung, die man durch geeignete diätetische Behandlung
hätte verhüten können, recht oft der Entwickelung schwerer constitu-
tioneller Leiden den Boden bereitet. Es liegen also a priori erhebliche Gründe vor, den Fiebernden thunlichst zu nähren, und sie
wiegen um so schwerer, als die Erfahrung keineswegs einen Anhalt

dafür geliefert hat, dass die entgegengesetzte Methode, die möglichste
Entziehung alles Nahrhaften günstigere Chancen für den Ablauf der
acuten Krankheiten bietet. Im Gegentheil haben die bedeutendsten
Aerzte aller Zeiten eine milde Ernährung der Fiebernden immer
und immer wieder für das Vortheilhafteste erklärt. Es handelt sich
also nur darum, wie weit diese Ernährung gehen soll. Und da stehe
oben an die Regel, die acut-febrilen Kranken so weit zu nähren,
als es die Störung des Digestionsvermögens zulässt. Für diesen
Cardinalsatz gibt es jedoch einige Einschränkungen. Bei gewissen
Erkrankungen im Unterleibe, vorzugsweise bei Peritonitis ist die
allererste Indication die, eine möglichst grosse Ruhe des Darmes zu
erzielen, nicht die, möglichst zu nähren. Denn, würden wir das
Letztere erstreben und nun entsprechend dem oft gar nicht ganz
erloschenen Verdauungsvermögen unsere diätetischen Anordnungen
treffen, so würden wir sehr leicht durch Anregung peristaltischer
Bewegungen den Kranken in die höchste Gefahr bringen, während
wir durch Darreichung kleiner Quantitäten einer indifferenten, der
Digestion möglichst wenig mehr bedürfenden Kost jene Indication
mit zu erfüllen bestrebt sein müssen. Auch bei der Dysenterie ist
es oftmals geboten, eine Kost zu verordnen, die viel weniger Nähr-
material enthält, als das digestorische Leistungsvermögen zulassen
würde, weil es sich hier darum handelt, den kranken Darmtheil
möglichst wenig mit faecalen Massen zu belästigen.

Im Uebrigen erleidet der allgemeine Satz, den Fiebernden so
weit zu nähren, wie es sein Verdauungsvermögen gestattet, nur noch
die Einschränkung, welche durch die mangelhafte Erkennung des
individuellen Digestionsvermögens uns von selbst auferlegt wird.
Das Schwierige ist ja eben, die Leistungsfähigkeit der Verdauungsorgane in jedem einzelnen Falle zu ergründen, um darauf hin das
Maass und die Beschaffenheit der Fieberkost richtig abzuschätzen.
In vielen Fällen, besonders bei kleinen Kindern ist die Erkennung
des Verdauungsvermögens durch die sorgsame Untersuchung der
Faeces und eventuell des Erbrochenen einigermassen sicher. In
anderen Fällen fehlen uns feste Anhaltspunkte fast ganz. Wir müssen
uns dann nach dem richten, was in der nämlichen Krankheit bei
anderen Patienten vielleicht eruirt wurde. Auch sind die subjectiven
und objectiven Symptome der febrilen Dyspepsie nach ihrer Intensität zu prüfen. Wo entschiedenes Verlangen nach Speise, und
zwar nicht als vorübergehendes Gelüste kundgegeben wird, wo die
Zunge nicht sehr belegt und nicht trocken, die Speichelabsonderung

nicht sehr verringert ist, da ist anzunehmen, dass das Verdauungsvermögen nicht sehr gestört ist oder im Begriffe steht, sich wieder
herzustellen. Wo dagegen entschiedene und anhaltende Abneigung
gegen jede Nahrung besteht, die Zunge trocken oder dick belegt
und Speichel höchstens in minimalen Mengen vorhanden ist, da kann
kein Zweifel obwalten, dass die Leistungsfähigkeit der Digestionsorgane ganz oder fast ganz auf Null gesunken ist. In einer grossen
Reihe von Fällen sind aber diese Zeichen nicht so bestimmt ausgesprochen, dass man einen einigermassen sicheren Schluss ziehen
könnte, bis zu welchem Grade das Verdauungsvermögen erhalten
ist. Hier kann nun, wie auch in jenen anderen Fällen, die uns
etwas bestimmtere Zeichen liefern, die Untersuchung des Urins auf
Chlor recht wichtigen Aufschluss geben. Schon vor einer Reihe von
Jahren hat Vogel darauf aufmerksam gemacht, dass man aus der
Abnahme und Zunahme des Chlor im Urin fiebernder Patienten
ziemlich sichere Schlüsse hinsichtlich der Verdauungskraft derselben
ziehen könnte. „Fällt das Chlor, sagt er[1]), auf ein Minimum, unter
0,5 Grm. täglich, so erlaubt dieses den Schluss auf eine bedeutende
Intensität der Krankheit, ein gänzliches Darniederliegen des Appetits,
unter Umständen auf vorausgegangene reichliche wässerige Diarrhöen
oder massige seröse Exsudate. Nimmt das Chlor im Urin wieder
zu, so kann man aus dessen Menge einen ziemlich sicheren Schluss
auf den Grad des Appetits und der Verdauungskraft des
Kranken ziehen.“ Es ist auch durch spätere eingehende Untersuchungen[2]) mit Bestimmtheit erwiesen, dass in den meisten acuten
Krankheiten die Ausscheidung der Chlorsalze durch den Urin erheblich abnimmt, nicht selten ganz aufhört, und dass sie mit der Defervescenz wieder zunimmt, so dass sie sich also wesentlich sich umgekehrt
verhält, wie die Harnstoffausscheidung. Jedoch muss daran erinnert
werden, dass die Chlorausscheidung in erster Linie von der Nahrungs-
zufuhr abhängig ist, und dass deshalb die Ab- und Wiederzunahme
der Chlorsalze im Urine Fiebernder ein immer nur mit Vorsicht zu
verwerthendes Zeichen ist. Erscheint aber nach längerem spärlichem
Auftreten oder nach völligem Verschwinden dieser Salze ohne wesentliche Aenderung der Diät wieder eine grössere Menge derselben, so

---

1) Anleitung zur qualitativen und quantitativen Analyse des Harns von
Neubauer und Vogel. 1855. S. 332.
2) Vgl. besonders: H. Huppert, Ueber die Beziehung der Harnstoffausscheidung zur Körpertemperatur im Fieber. Archiv für Heilkunde. VII. S. 1 u. ff.

dürfen wir mit hoher Wahrscheinlichkeit schliessen, dass auch der
Zeitpunkt des Wiedererwachens oder der Besserung des Verdauungsvermögens gekommen ist.

Den sichersten Anhalt liefern freilich immer die Untersuchungen
des Speichels und gegebenen Falles des Erbrochenen, die in der
oben erörterten Weise von jedem Arzte leicht anzustellen sind. Einen
besonderen Werth hat hier das negative Resultat. Ergibt die Untersuchung, dass· der in geringer Menge vorhandene Speichel keine
saccharificirende Kraft hat, dass in dem Erbrochenen keine Peptone
sich finden, obschon sie der Zeit nach, die seit dem Genusse ver-
strichen, darin erwartet werden können, dass vielleicht gar erhebliche Mengen von Essigsäure, oder der vollständige Mangel von
Säure, also auch von Salzsäure zu constatiren sind, so kann selbstverständlich von der Darreichung einer Nahrung nicht die Rede sein,
die zur Aufnahme ins Blut noch einer vorhergehenden Verdanung
bedarf, jedenfalls aber dürfte aller Zweifel schwinden, dass eine
solche Nahrung irgend welchen wohlthätigen Einfluss auf den kranken
Organismus ausüben könnte.

Wir brauchen kaum zu erwähnen, dass neben der Leistungsfähigkeit der Digestionsorgane auch der Grad der Empfindlichkeit
derselben zu prüfen ist, um so mehr, als sie nicht immer dem eigentlichen Verdauungsvermögen adäquat ist, und es gar nicht selten
vorkommt, dass eine ungenügende Berücksichtigung dieser Hyperästhesie eine Dyspepsie zur vollständigen Apepsie macht. Eine
genaue Erkennung des Grades dieser Irritabilität gehört aber zu den
grössten Schwierigkeiten, wenn man eben nicht aus früheren Krankheiten und der ganzen Constitution des Patienten Schlüsse ziehen
kann, so dass es meistens nothwendig ist, durch vorsichtiges Prüfen
bei der Darreichung der Nahrung sich das Urtheil zu schaffen. —
Wenn wir nun getreu dem Principe, so weit zu nähren, wie es
der Zustand der Digestionsorgane gestattet, auf der Basis dessen,
was über die Störung des Verdauungsvermögens Fiebernder im
Allgemeinen bekannt und in jedem einzelnen Falle noch besonders
eruirt ist, unsere diätetischen Anordnungen treffen, so ist zunächst
klar, dass wir in allen Fällen wenig bedeutender febriler Erregung
eine verhältnissmässig nahrhafte, aus stickstoffhaltigen und stickstoff-
losen Substanzen zusammengesetzte Kost reichen können, weil hier
das Verdauungsvermögen für beide Arten von Nährstoffen einigermassen erhalten ist. In den Fällen höchst schweren Fiebers wird
dagegen eine Diät zu wählen sein, welche der Digestion gar nicht

mehr bedarf, oder welche doch, wenn sie nicht verdaut wird, keine Nachtheile erzeugt. Bei mittlerem Fieber ist im Allgemeinen eine Kost zu verordnen, welche stickstofflose und stickstoffhaltige Substanzen, letztere in nicht zu grossem Procentsatze enthält, weil in solchen Fällen die Digestion von Eiweisssubstanzen wohl stattfindet, aber immer wesentlich geschwächt ist. Beginnt eine acute Krankheit sehr stürmisch, wie croupöse Pneumonie, schwere Gastritis, Meningitis der Convexität, Peritonitis, so ist eine Verdauung von Proteinstoffen fast ganz ausgeschlossen, diejenige von Stärkemehl möglich, aber doch nur in geringem Umfange. Ist der Anfang dagegen ein langsamer, wie in der Regel beim Unterleibs-Typhus, so werden wir nicht gleich jede nährende Diät fortlassen, sondern nach Maassgabe des Verdauungsvermögens stickstoffhaltige und stickstofflose Substanzen verordnen, und erst mit steigendem Fieber sowohl die Menge verringern, als die Zusammensetzung ändern. Wenn ferner, sei es im Beginn oder im weiteren Verlaufe einer acuten Krankheit ein einigermassen sicheres Urtheil über die Leistungsfähigkeit der Verdauungsorgane nicht zu erlangen ist, wie dies vielleicht gar in der Mehrzahl der Fälle vorkommen wird, so ist es geboten, die Diät in Hinsicht der Menge, wie der Beschaffenheit mit äusserster Vorsicht anzuordnen, mit der Darreichung geringer Mengen und nicht allzusehr proteinhaltiger Substanzen zu beginnen, die Wirkung abzuwarten und dann je nach den Umständen entweder langsam zuzusetzen oder gar noch abzulassen. Getreu dem alten hippokratischen Satze, nie zu schaden, werden wir in solchen zweifelhaften Fällen auch da nicht einmal zu einem dreisten Vorgehen uns verleiten lassen, wo eine kräftige Ernährung ganz besonders wünschenswerth erscheint. Eine eben so grosse Vorsicht ist nöthig, wenn es sich um die erste Darreichung kräftigerer Nahrung bei dem Wiedererwachen der Digestionsthätigkeit und besonders, wenn es sich um die erste Darreichung consistenterer Kost handelt. Hier ist zu beachten, ob auch der Zeitpunkt richtig ist, an dem wir beginnen, mehr und Nahrhafteres zu reichen, und ob mit den subjectiven Zeichen einer besseren Verdauungskraft auch die objectiven harmoniren. Dass dies mit noch grösserer Genauigkeit zu prüfen ist, wenn das Fieber fortbesteht, liegt auf der Hand, weil ja die febrile Erregung oftmals auch dann noch eine Hyperästhesie der Verdauungsschleimhaut unterhält, wenn schon eine bessere Secretion der Drüsen sich eingestellt hat. Wir müssen also mit der Menge und der Consistenz der Nahrung, sowie mit dem Gehalte derselben an Protein-

stoffen nur schrittweise steigen und dabei stets beobachten, welche
Wirkung dieses Vorgehen auf das Digestionsvermögen und die
Temperatur des Patienten ausübt. Jeder plötzliche Uebergang könnte
die grössten Nachtheile im Gefolge haben. Nicht minder gross sei
unsere Vorsicht beim Auftreten adynamischer Symptome; hier haben
wir uns zu erinnern, dass während solcher bedrohlichen Zustände,
in denen ohnehin meist das Digestionsvermögen tief geschädigt ist,
die Hülfe nicht in einem Aufdrängen von Nahrung zu suchen ist,
die mehr Protein enthält, als verdaut werden kann, sondern dass
wir der Erlahmung des Organismus alsdann in erster Linie durch
Stimulantien entgegentreten müssen. — Näheres wird beim Typhus
und bei der Pneumonie zur Sprache kommen.

Es bedarf kaum der Erwähnung, dass, wenn die febrile Dyspepsie
sich mit anderweitigen Störungen der Verdauungsorgane, z. B. mit
den aus einem Diätfehler vor oder während der Krankheit hervor-
gegangenen complicirt, bei der Anordnung der Diät auf diese ver-
änderte Sachlage besonders Rücksicht zu nehmen ist.

Nächst diesem in erster Linie zu beachtenden Momente der
Leistungsfähigkeit der Verdauungsorgane verdient eine hervorragende
Berücksichtigung die locale Krankheit selbst. Schon oben wurde
gesagt, dass einzelne Erkrankungen es unmöglich machen, das Princip
der Ernährung des fiebernden Patienten stricte zu befolgen. Wir
können noch hinzufügen, dass sämmtliche acute Affectionen des
Digestionstractus eine ganz besondere Vorsicht in der Auswahl der
Nahrung nöthig machen, weil bei der hochgradigen Empfindlichkeit
der Mucosa in diesen Erkrankungen jeder Diätfehler sich ungleich
schwerer bestraft, als beispielweise bei den fieberhaften Leiden der
Athmungswerkzeuge. Bei letzteren ist wiederum Manches nicht an-
gebracht, was bei jenen passend und hülfreich sich erweist. Während wir gegen das Erbrechen bei acuter Gastritis oder als kühlendes Getränk beim Typhus Eiswasser mit Erfolg verordnen, müssen
wir bei Pneumonie oder acuter Bronchitis davon abstehen, und wenn
wir ebenfalls im Typhus die Alcoholica mit grossem Nutzen an-
wenden, müssen wir dieselben bei Hirnhautentzündungen mit grösster
Strenge vermeiden.

Aber auch das Alter, die Constitution, und der Ernäh-
rungszustand der Patienten, sowie ihre Gewohnheiten besonders
hinsichtlich gewisser Genussmittel, verdienen bei der Anordnung der
Diät eine höchst eingehende Berücksichtigung. So entzieht man,
worauf wir später noch zurückkommen werden, Säuglingen die

Mutterbrust nur in höchster Noth, und verpflegt fiebernde Kinder überhaupt mit der ihrem Organismus mehr zusagenden Milch, so lange sie dieselbe nur irgend vertragen. Individuen, die an den regelmässigen Genuss von Spirituosen seit Langem gewöhnt sind, darf man dieselben in hitzigen Krankheiten nicht ganz entziehen. Bei heruntergekommenen, anämischen Patienten wird man, wenn sie acut erkranken, frühzeitiger auf gute Ernährung Bedacht nehmen, als bei wohlgenährten, vollsaftigen. — Was die Gelüste der Kranken betrifft, so dürfen dieselben nur in den seltensten Fällen gebilligt werden. Kinder, deren Instinct sich doch am wenigsten irren sollte, verlangen im Fieber Kuchen, grobes Brod, Aepfel und andere notorisch nachtheilige Kost. Auch bei Erwachsenen würde man meist schlecht fahren, wenn man ihnen Alles gestatten wollte, was sie hartnäckig fordern. Unschädliches erlaubt man gern, wie z. B. Milchkaffee, der so oft und dringend erbeten wird. Nach diesen allgemeinen Grundzügen sind die diätetischen Maassnahmen zu treffen. Wie aber soll nun die Fieberkost beschaffen sein? — Zunächst ist hervorzuheben, dass bei allen irgendwie erheblichen febrilen Zuständen jede feste Speise absolut auszuschliessen und nur flüssige Nahrung zu reichen ist. Die feste Speise, zu der ausser Fleisch[1]) auch Brot, Semmel, Zwieback, zu rechnen sind, wird im Fieber nicht gehörig zerkaut und eingespeichelt, der sparsame Magensaft kann sie nicht vollständig durchdringen, die chemische Zusammensetzung desselben ist vielleicht einer Verdauung der Proteine auch weniger günstig, der etwa verringerte Tonus der Magenmuskulatur bringt keine Verkleinerung der Speisemassen zu Stande, bewirkt hingegen ein längeres Verweilen im Magen und in Folge dessen Zersetzungen und Gährungen. Durch Alles dies wird ein starker Reiz ausgeübt, das Fieber gesteigert und eine, wenn möglich, noch grössere Störung der Magensaftsecretion erzeugt. Besteht ein hoher Grad von Reizbarkeit, so wird durch Anregung der Reflexthätigkeit ein mehr oder weniger anhaltendes Würgen und selbst Erbrechen nach dem Genusse fester Nahrung beobachtet. Sind die allenfalls etwas aufgeweichten Theile der letzteren durch den Pylorus gelangt, so können sie auch jetzt noch in nachtheiligster Weise wirken, und zwar durch mechanische Reizung ebensowohl, wie durch eine in ihnen auftretende Zersetzung, so bei Enteritis, bei Abdominaltyphus,

---

1) Auch das fein geschabte rohe Fleisch, welches sonst so gut verdaut wird, ist im Fieber zu verbieten. Vgl. Fall 11.

bei Dysenterie, bei Peritonitis, bei denen allen die consistente Nahrung mit ganz besonderer Strenge zu vermeiden ist. Flüssige Kost belästigt den Magen und die Gedärme ungleich weniger, der Magensaft vermengt sich leichter und vollständiger mit ihr, und es bedarf nur geringer Anstrengung der Magenmuskulatur, um sie weiter zu führen. Wer dieses Princip, im Fieber, so lange es acut ist, nur flüssige Nahrung zu reichen, festhält und allen entgegengesetzten Neigungen des Patienten, wie seiner Umgebung gegenüber mit Energie befolgt, der darf bei der Behandlung febriler Krankheiten des günstigsten Erfolges sicher sein.

Diese flüssige Nahrung soll ferner jedesmal in kleinen Portionen gereicht werden. Grössere sind dem Patienten in der Regel schon an und für sich zuwider, sodann entsprechen kleinere Mengen dem geringeren Quantum Magensaft, und endlich ist viel weniger Befürchtung, dass sie selbst bei grosser Empfindlichkeit der Digestionsschleimhaut wieder erbrochen werden oder in anderer Weise nachtheilig wirken. Am zweckmässigsten dürfte es sein, diese kleinen Quantitäten, so weit es möglich ist, in regelmässigen Zwischenräumen und zu den Stunden zu reichen, an welchen der Patient vorher seine Mahlzeiten zu sich zu nehmen pflegte, weil die Vermuthung nicht ungerechtfertigt ist, dass dann die Verdauungsorgane, gewissermaassen aus alter Gewohnheit, zur Absonderung ihrer Drüsenseerete am meisten disponirt sind.

Diese flüssige Kost darf nicht zu heiss genossen werden und darf nichts enthalten, was unverdaulich ist, wie Cellulose, oder was, wenn es nicht vollständig verdaut wird, Nachtheile mit sich bringen kann, wie zu reichlicher Gehalt an Stärkemehl und Proteinstoffen, oder was an und für sich eine beträchtliche Reizung der Digestionsschleimhaut erzeugt, wie viele Gewürze, weil unter dem Einflusse dieser Momente die darniederliegende Verdauungsthätigkeit vollständig erlöschen oder das Fieber sich steigern kann.

Unter allen Nahrungsmitteln nun, die bei der Behandlung acut-fieberhafter Krankheiten in Frage kommen, ist das Wasser das wichtigste. Die Patienten bedürfen es, wünschen es und vertragen es, wenn nicht zu grosse Quantitäten auf einmal getrunken werden, ohne jeglichen Nachtheil, wie jetzt wohl allgemein zugestanden wird. Alle müssen es haben, auch diejenigen, welche in excessivem Fieber darniederliegend nicht das klare Bewusstsein mehr besitzen, um die Trockenheit des Mundes voll zu empfinden und Getränk zu verlangen. Die Patienten trinken es am liebsten kalt; man kann dies gestatten und muss nur in den Krankheiten der Respirationsorgane es etwas weniger kühl darreichen lassen. In den höchst acuten Formen von Gastro-enteritis ist Eiswasser und Eis oft noch das Einzigste, was vertragen wird, in acuter Peritonitis das beste Mittel gegen das hartnäckige und peinvolle Erbrechen, und im Typhus das Angenehmste gegen den brennenden Durst. Es muss immer rein und frisch zur Hand sein und sollte für Typhuskranke stets aus einem anderen, als dem vor der Krankheit benutzten Brunnen bezogen werden. Ein vielen Patienten sehr angenehmes Getränk ist auch das einfache kohlensaure und das Selterserwasser. Beide Arten sind in den meisten acuten Krankheiten jedesmal in kleinen Quantitäten gern zu gestatten, jedoch ist daran zu denken, dass sie mitunter vorhandene Durchfälle verschlimmern. Unbedingt zu verbieten sind sie in acuten Krankheiten nur bei gleichzeitiger Hämoptysis.

Für das nächstwichtigste Nahrungsmittel für Fiebernde hält man allgemein die Kohlehydrate, weil man der Ansicht ist, dass die leichte und rasche Oxydation dieser Substanzen den Verbrauch von Protein einschränken und dadurch im Fieber höchst günstig wirken werde. Nun ist vornehmlich aus den Untersuchungen von Hoppe-Seyler und Voit[1]) bekannt, dass bei gesunden Menschen der Genuss von Kohlehydraten den Eiweissverbrauch einschränkt, und es liegt kein Grund vor anzunehmen, dass dies bei Fiebernden sich anders verhalte. Es ist aber sehr wohl zu bedenken, dass in den acuten Krankheiten, wenn die febrile Erregung den mittleren Grad überschreitet, die Absonderung von Speichel nicht unerheblich nachlässt und ins ehr vielen Fällen, in denen es besonders darauf ankommt, Eiweiss zu sparen, sogar auf Null herabsinkt, so dass dann die Saccharification des Stärkemehles wenigstens durch die Mundflüssigkeit entschieden leidet, resp. vollständig unmöglich geworden ist, und nun nicht blos Nichts oder doch nur Unbedeutendes in die Blutmasse von dem übergeht, was zur Sparung von Eiweiss beitragen sollte, sondern sogar die Möglichkeit besteht, dass durch Umsetzungen des unverdaut gebliebenen Stärkemehles nachtheilige Reizungen der Digestionsschleimhaut zu Wege gebracht werden. Da dem Körper eben nur das zu Gute kommen kann, was verdaut wird, so dürfte in den Fällen sehr hoher febriler Erregung von der Verwendung des Amylum kein besonderer Nutzen zu erwarten sein, zumal Alles dafür spricht, dass in solchen Fällen die Absonderung auch des

---

1) S. Zeitschrift für Biologie. V. 1869.

Bauchspeicheldrüsensaftes erheblich vermindert ist. Dass aber auch hier kleinere Mengen von Stärkemehl keinen Nachtheil bringen werden, ist wohl mit Sicherheit anzunehmen. Für die Patienten dagegen mit nicht erheblichem Fieber wird die Verwendung von Stärkemehl als Nahrung sehr wohl von Vortheil sein, wenn nicht allzu beträchtliche Mengen genossen werden. Weniger Bedenken als bei dem Amylum brauchen wir bei der Anwendung eines andern Kohlehydrates zu haben, nämlich des Traubenzuckers. Dieser, das Endproduct der physiologischen Stärkemehlverdauung, bedarf bekanntlich einer weiteren Digestion nicht mehr, um ins Blut aufgenommen zu werden, und ist deshalb in allen acuten Krankheiten, besonders aber da zu empfehlen, wo die Gewissheit oder hohe Wahrscheinlichkeit vorliegt, dass Amylum gar nicht, oder doch nur in geringen Quantitäten verdaut wird. Die Auflösung dieses Zuckers in Brunnenwasser sagt den meisten Fiebernden auch auf die Dauer zu, besonders bei Zusatz von etwas Coguac, Rothwein oder Citronensaft, wird sehr leicht resorbirt und ruft, wenn nicht zu viel Zucker genommen wurde, absolut keine Nachtheile hervor. Auch als Zuthat zu Suppen und überall da, wo man sonst Rohrzucker beizumengen pflegt, ist er mit Vortheil zu verwenden, zumal der Rohrzucker vor seiner Aufnahme in das Blut ja doch erst in Traubenzucker übergeführt wird.

Anmerkung. Es wird in manchen Haushaltungen, auch in Conditoreien, aus Traubenzucker, feinstem weissen, sog. kölnischem Leime und etwas Aroma, z. B. Citrouenöl, ein dem Eiweissschaume vollkommen im Geschmack gleichstehender Schaum hergestellt. Vielleicht lässt sich aus diesen Theilen auch ein den modernen Anschauungen entsprechendes Getränk für Fiebernde bereiten.

Die Fette kommen, abgesehen von kleineren Mengen, die in der Milch und in den Getreidemehlsuppen genossen werden, bei acuten Krankheiten nicht zur Verwendung. Fast alle Fiebernde haben Ekel vor fettigen Speisen und befinden sich schlecht nach denselben. Dies letztere rührt unzweifelhaft daher, dass die verminderte Absonderung von Galle und Pankreassaft, sowie die herabgesetzte Resorptionsfähigkeit der Digestionsschleimhaut die Verdauung des Fettes in hohem Grade erschweren, resp. ganz unmöglich machen, und dass dann Umsetzungsproducte des Fettes entstehen, welche ihrerseits eine weitere Störung der Digestionsorgane zu Wege bringen. Blos mit Wasser und Kohlehydraten liesse sich aber allenfalls nur in denjenigen Krankheiten auskommen, die einen raschen Ablauf

nehmen. Bei allen länger dauernden, fieberhaften Leiden, in denen
der Verlust an Organeiweiss eine erhebliche Grösse erreicht, z. B.
beim Typhus, kann mit einer solchen, allen Stickstoffs entbehrenden
Diät der Organismus nicht bestehen, jedenfalls würde eine hochgradige Schwächung desselben eintreten, deren Gefahren für die
nähere und fernere Zukunft nicht zu gering anzuschlagen sind. Nun
liegt es freilich auf der Hand, dass die ganze Menge des verloren
gehenden Eiweisses während des Fiebers nicht zu ersetzen ist; der
Körper könnte es des gestörten Verdauungsvermögens wegen nicht
in sich aufnehmen, noch weniger es der tief herabgesetzten plastischen Thätigkeit wegen zu stabilem Eiweiss verwenden. Aber geringe Mengen Protein können die meisten Fiebernden in sich aufnehmen, und wenn ein Theil davon auch alsbald den Körper wieder
verlässt, so wird ein anderer Theil zweifellos zu dauernder Ernährung verwendet. Dass dies letztere der Fall ist, lehrt beispielsweise der Erfolg der Darreichung eiweissreicher Kost bei lentescirenden Fiebern, wenn die Digestionsorgane intact sind, und der
thatsächlich günstige Erfolg, den die Beibehaltung der Muttermilch
in den acuten Krankheiten der Säuglinge besonders dann hat, wenn
die Durchfälle nicht excessiv sind.

Dass überhaupt Stickstoffsubstanzen im Fieber keine Nachtheile
bringen, wenn man geringe, dem Verdauungsvermögen adäquate
Mengen darreicht, ist bereits hervorgehoben worden. Es handelt
sich hier also nur noch darum, ob eine Proteinzufuhr auch
dann stattfinden darf und soll, wenn die Gewissheit oder die an
Gewissheit grenzende Wahrscheinlichkeit besteht, dass eine Verdauung von Eiweiss nicht möglich ist. Leider wird eine solche
Nahrung in derartigen Fällen, welche allerdings meistens den Wunsch
nach kräftiger Ernährung rege machen, noch sehr oft verordnet, obgleich eine Einführung auf dem gewöhnlichen Wege alsdann doch
mindestens ohne allen Nutzen ist. Es könnten für solche Fälle
Peptonlösungen als Nahrung verordnet werden entweder per os,
oder per anum, oder auch auf dem Wege der Einspritzung unter
die Haut. Die letzterwähnte Methode, mit der sich A. Menzel und
H. Perco, sowie J. Krug[1]) beschäftigt haben, und die Senator

---

1) Versuche über die Resorption von Nahrungsmitteln vom Unterhautzell-
gewebe. Wiener med. Wochenschr. 1869. 17. April (Menzel und Perco). —
Künstliche Ernährung durch subcutane Injection von Julius Krug. Wiener
med. Wochenschr. 1874. Nr. 34.

für fieberhafte Krankheiten als beachtenswerth empfiehlt[1]), haben
wir selbst bis jetzt nicht ausgeübt. Nach unseren Versuchen, die
Peptone auf den eben bezeichneten anderen Wegen dem Organismus
einzuverleiben, scheint ein thatsächlicher Nutzen nur dann erhofft
werden zu dürfen, wenn mit der Apepsie nicht zugleich die Fähigkeit des Körpers, das Aufgenommene zur Ernährung der Zellen zu
verwenden, erloschen ist. Bei schweren und anhaltenden adynamischen Zuständen, in der Acme sehr böser Infectionskrankheiten,
wird deshalb diese Art der Ernährung keinen Vortheil bieten. Dagegen sind Peptonklystiere und Klystiere von ausgepresstem Rindfleischsaft[2]) von entschiedenstem und augenfälligstem Nutzen in denjenigen acuten Krankheiten, in denen das Unvermögen, Eiweiss zu
verdauen, nicht Folge des Fiebers, sondern einer localen Erkrankung
der Digestionsorgane ist, also z. B. in acuter Gastro-enteritis, wo
der Mangel an Magensaft oder die hochgradige Reizbarkeit der
Schleimhaut jede Verdauung ausschliessen, der Genuss von Nahrung,
die der Digestion bedarf, in der Regel die Krankheit verschlimmert,
der Organismus aber meistens von vornherein nicht in schwere Mit-
leidenschaft gezogen ist.[3])

Was die zur Ernährung Fiebernder zu verwendenden Eiweisssubstanzen anbetrifft, so ist man vielfach der Ansicht, dass die dem
Pflanzenreiche entnommenen die zuträglichsten seien. Ob dies richtig
ist, muss vorläufig noch dahingestellt bleiben. Thatsache ist, dass
nach der Einführung von Albuminaten aus dem Thierreich ebenso
gut wie aus dem Pflanzenreich von Fiebernden Peptone gebildet
werden. Welche Eiweisssubstanzen aber im Fieber am leichtesten
in Peptone umgewandelt werden, lässt sich noch nicht bestimmt
angeben, ebenso wenig, ob in den einzelnen febrilen Krankheiten
in dieser Beziehung ein Unterschied besteht. Nach Hoppe-Seyler
wird Albumin im Fieber schwerer verdaut, weil der Uebergang

---

1) Senator, a. a. O. S. 181.
2) Voit und Bauer (Zeitschrift für Biologie. V. 1869. S. 536 ff.) haben
nachgewiesen, dass das iu dem Safte enthaltene Acidalbuminat fast ebenso leicht,
wie Peptone, aufgesogen wird.
3) Zu vergleichen sind die Mittheilungen von Leube über ernährende
Klystiere (Fleischpankreasklystiere) und über seine Fleischsolution. Deutsches
Archiv für klinische Medicin. X. 1872. S. 1 ff. und Centralblatt für die medicin.
Wissensch. 1872. — Therapie der Magenkrankheiten. Volkmann's Sammlung
Nr. 62.

desselben in Pepton nur bei Gegenwart stärkerer Säure stattfinde, diese aber in acuten Krankheiten vermindert sei.[1]

Die Verwendung des den Eiweisskörpern nahestehenden Leimes in der Fieberdiät war früher sehr gebräuchlich, wurde dann fast ganz aufgegeben, und erst in allerneuester Zeit in Folge der Voit-schen Untersuchungen durch Senator wieder eindringlichst empfoh-len.[2] Die von ihm gewonnenen Resultate, denen sich unsere eigenen in zwei Dysenterie- und einer Typhusepidemie reichlichst gesammelten vollständig anschliessen[2]), waren so sehr günstig, dass man in der That keinen Anstand zu nehmen braucht, den Leim, dessen Verwendung in zweckmässiger Form ohnehin keinen Nachtheil bringt, für ein wichtiges Mittel der Fieberdiät zu erklären.

Die Leim haltenden Suppen sagen fast allen Patienten bei passender Abwechselung mit anderer Kost auch auf die Dauer zu, sind völlig reizlos, werden, wenn nicht jede Absonderung von Digestionssäften aufgehört hat, wenigstens zum Theil verdaut und rufen selbst für diesen Fall unvollständiger Verdauung keine Reizung und keine Temperatursteigerung hervor. Ob bei der Anwendung von Leim auch in febrilen Zuständen eine Sparung an Eiweiss, eine Verminderung des Stoffumsatzes eintritt, wie bei gesunden Menschen, ist noch nicht näher festgestellt.[4]

Der Nährsalze bedarf der fiebernde Organismus ebenso gut wie der nicht fiebernde, jedoch sicherlich in geringerem Maasse, weil die Blutbildung und die plastischen Processe überhaupt schwer darniederliegen. Dies gilt insbesondere auch von den Kalisalzen, von denen man weiss, dass sie während des Fiebers in Folge des Unterganges der Blutkörperchen in grösserer Menge[5] ausgeschieden werden, die aber der Organismus, wenn sie dem ausgeschiedenen

---

1) Bericht über die Versammlung deutscher Naturforscher und Aerzte zu Rostock.

2) a. a. O. S. 184.

3) Vgl. des Verfassers Arbeit: Ueber die Störung des Verdauungsprocesses in der Ruhr. Deutsches Archiv. 1874.

4) Vgl. A. Guérard, Annales d'Hygiène pub. 1871. Octobre. XXXVI. p. 5. Nach ihm steht Gélatine aus Knochen zwischen Kohlehydraten und Protein in der Mitte, hat die Eigenschaften der respiratorischen und plastischen Nahrungsmittel (p. 320) und ist „indispensable à l'entretien de la vie".

5) Nach Salkowski soll im Fieber an Kalisalzen das drei- bis vierfache und noch mehr von dem ausgeschieden werden, was ein Gesunder bei schmaler Diät ausscheidet.

Quantum entsprechend alsbald wieder zugeführt würden, schwerlich verwenden könnte. Erst mit dem Beginn der Rückkehr des Verdauungsvermögens, mit welchem in der Regel die eigentliche Assimilation des Aufgenommenen gleichen Schritt hält, dürfte Veranlassung vorliegen, an einen raschen Ersatz der verloren gegangenen Salze zu denken. Dass hierzu die Fleischbrühe ein vorzügliches Mittel ist, geht aus ihrer chemischen Zusammensetzung leicht hervor. Während der ersten Stadien einer febrilen Krankheit aber dürfte bei dem geringen Bedarf, den selbst der völlig gesunde Organismus an Salzen hat[1]), zweifelsohne die Menge derselben genügen, die mit und in der gewöhnlichen Fieberkost gereicht wird.

Aus Wasser, Kohlehydraten, Proteinsubstanzen und Salzen muss also die Fieberkost hergestellt werden. Alle diese Substanzen sind nun in den seit den Zeiten des Hippokrates gebräuchlichen Getreidemehlsuppen, den Hafer-, Gersten- und Grieswassersuppen, enthalten, wie dies die nachfolgende Uebersicht über die chemische Zusammensetzung deutlich zeigt:

Nach Wolff enthält:

Weizenmehl Wasser 12,6 Eiweiss 11,8 Kohlehydrate 73,6 Th.

Gerstenmehl	„	12,5	„	10,0	„	73,5 „
Gries	„	11,3	„	11,3	„	69,8 „
Reis	„	13,5	„	7,5	„	78,1 „
Hafermehl	„	14,2	„	11,2	„	68,5 „

in 100 Theilen.

Feinstes Weizenmehl enthält nach Johnston
in 100 Theilen trockener Substanz 1,24 Asche,
Mittelsorte dagegen in 100 Theilen 4,0   „
und diese Asche besteht aus

Kali	zu	29,97 %
Natron	„	3,90 „
Talkerde	„	12,30 „
Kalk	„	3,40 „
Phosphorsäure	„	46,00 „
Schwefelsäure	„	0,33 „
Kieselerde	„	3,35 „
Eisenoxyd	„	0,79 „
Chlornatrium	„	0,90 „

---

1) Vgl. besonders Forster, Versuche über die Bedeutung der Aschebestandtheile in der Nahrung. Zeitschrift für Biologie. Bd. 9. S. 297.

Hafermehl enthält nach **Norton**:

   in 100 Theilen 2,84 Salze

nach **Fromberg**

   in 100 Theilen 1,84 Salze

und diese enthalten nach **Way** und **Ogston**

Kali	zu	17,80 %
Natron	„	3,84 „
Kalk	„	3,54 „
Talkerde	„	7,33 „
Eisenoxyd	„	0,49 „
Schwefelsäure	„	1,10 „
Kieselerde	„	38,48 „
Phosphorsäure	„	26,46 „
Chlornatrium	„	0,92 „
Verlust	„	0,04 „

  Nach **Payen** enthält der Reis in

    100 Theilen 0,9 Salze,

in denen

   18,48 % Kali,

   10,67 „ Natron

   53,36 „ Phosphorsäure

sind.

  Rechnet man nun für die Herstellung der Krankensuppen das Verhältniss von 1 Theil Mehl auf 5 bis 6 Theile Wasser, so haben wir annähernd in ihnen auf 100 Theile

   1,6 bis 2 Eiweiss,

   12,5 „ 15 Kohlehydrate,

   0,25 „ 0,30 Salze

ungerechnet etwaige weitere Zuthaten, z. B. Kochsalz und Zucker.

  Zu einer richtigen Würdigung des factischen Nährwerthes sei noch hinzugefügt, dass der bei Weitem grösste Theil der Kohlehydrate in allen Getreidemehlsorten aus Stärkemehl und nur ein geringer Theil aus Zucker besteht.

  Weizenmehl hat z. B. in 100 Theilen

   72,80 Stärke

   4,20 Zucker

   2,80 Gummi

(nach **Vaucquelin's** Untersuchungen von feinem Pariser Mehl).

Hafermehl hat in 100 Theilen
65,24 Stärke
4,51 Zucker
2,50 Gummi

nach Norton.

Gerstenmehl hat in 100 Theilen
67,18 Stärke
4,62 Zucker
5,21 Gummi

nach Einhof.

Reismehl hat in 100 Theilen
86,9 Stärke
0,5 Zucker und Gummi

nach Payen.

Aus diesen Zusammenstellungen ergibt sich, dass die in Frage stehenden Suppen verhältnissmässig reich an Stärkemehl und arm an Protein sind. Das letztere wird bei nicht vollständig erloschenem Verdauungsvermögen, also in den meisten acuten Krankheiten sicherlich verdaut, oder es ruft doch im Falle unvollständiger Verdauung seiner geringen Menge wegen keine schädliche Wirkung hervor. Dass eine solche in Folge des Stärkemehlgehaltes eintritt, ist gleichfalls kaum anzunehmen. Nur bei der Anwendung concentrirter Reismehlsuppen und nur bei Kindern, oder solchen Individuen, bei denen jede abnorme Säurebildung leicht Reizung der Digestionsschleimhaut zu Wege bringt, dürfte die Möglichkeit einer nachtheiligen Wirkung durch nicht verdautes und in saure Gährung übergegangenes Amylum in Frage kommen. Ein bedeutender Vortheil dieser Suppen liegt aber auch in ihrer grossen Milde und Reizlosigkeit, die sie vornehmlich ihrem Gehalte an Gummi verdanken. — Sie eignen sich aus allen diesen Gründen bei sämmtlichen acut-febrilen Krankheiten, vorwiegend aber bei denjenigen, in welchen eine sehr grosse Reizbarkeit der Verdauungsorgane besteht, so bei Localerkrankungen im Unterleibe, bei acuter Gastro-enteritis, bei Dysenterie, beim Typhus mit heftigen Durchfällen, und sind bei Peritonitis und Typhlitis ausser Eis und kaltem Wasser das Einzigste, was man bis zum entschiedenen Uebergange in Besserung verordnen darf, weil alles Andere, Pflanzenschleimsuppen etwa ausgenommen, die peristaltischen Bewegungen vermehrt.

Die einzelnen Arten dieser Suppen sind wenig verschieden; man thut nur gut, weil auch bei Kranken Abwechselung in ihrer Nahrung

thunlichst herzustellen ist, alle paar Tage eine andere Suppe anzuordnen. Haferschleim enthält ziemlich viel Oel (das Mehl in 100
Theilen 5 bis 6 Theile nach Boussingault und Norton), und
verursacht leichter Blähungen; Gerstenschleim ist reicher an Gummi,
und wird deshalb besonders in den Krankheiten der Respirationsorgane gern gegeben.

Bei allen grossen unverkennbaren und durch die Praxis vieler
Jahrhunderte anerkannten Vortheilen dieser Getreidemehlsuppen ist
aber nicht ausser Acht zu lassen, dass sie im Ganzen nur geringes
Ernährungsmaterial liefern.

Wir dürfen deshalb eine derartige ausschliessliche Kost nur so
lange fortführen, wie es die Störung der Verdauungsorgane erfordert,
und müssen zusetzen, sobald eine kräftiger nährende Diät assimilirt
werden kann. Sehr empfehlenswerth ist zu solchem Zwecke das
Malzextract. Dasselbe enthält 8 % stickstoffhaltige Substanz, 25 %
Dextrin, 30 % Glycose und 3,5 % Salze, bietet demnach eine Menge
leicht verdaulicher, beziehungsweise ohne Weiteres resorbirbarer
Kohlehydrate, erhebliche Mengen Eiweiss und keine nachtheiligen
Substanzen. Wo die Verwendung dieses Nahrungsmittels indicirt
ist, also bei denjenigen Fiebernden, die Eiweiss in etwas grösserer
Menge verdauen können, sei es von vornherein oder bei sich bessern-
dem Digestionsvermögen, zumal wenn besondere Veranlassung zu
möglichster Ernährung vorliegt, reicht man es mit grossem Vortheil
bis zu täglich 50 Grm. in Haferschleim- oder Fleischsuppe; 350 Grm.
dieses Schleimes mit 50 Grm. Malzextract führen ungefähr 10 Grm.
Eiweiss, 68 Grm. Kohlehydrate mit ca. 22 Grm. Zucker und 2,5 Grm.
Salze. Sehr zweckmässig zur Herstellung nahrhafterer Fieberkost
ist auch die Zumischung kleiner (33 %) Mengen von Milch zu den
Getreidemehlsuppen. Solche Mischungen werden nicht blos lieber
genommen, sondern die Milch wird auch in dieser Form leichter
verdaut, weil die Vertheilung der Milch in der Suppe der Gerinnung
in grösseren und derben Klumpen vorbeugt. Geradezu nothwendig
ist aber die soeben beschriebene Mischung bei der Bewerkstelligung
des Ueberganges von den Getreidemehlsuppen zu reiner Milch, also
beispielsweise nach der acuten Gastro-enteritis der kleinen Kinder,
bei deren Beginn man die Milch zu verbieten, nach deren Beendi-
gung man aber niemals plötzlich, sondern nur unter dem vorsichtig-
sten Prüfen zu dieser Nahrung zurückkehren darf. Auch beim Typhus ist die nämliche Art der Ernährung, wenn das Verdauungsvermögen weniger intensiv gestört ist, oftmals während der ganzen

Krankheit mit grösstem Vortheile anzuwenden. — Eine andere Art
der Verbesserung des Nährwerthes jener Suppen glauben Viele in
dem Zusatz von Fleischbrühe zu finden, wir werden sehr bald sehen,
dass dies nicht durch jede Fleischbrühe zu erzielen ist, wollen damit
jedoch Nichts gegen die Zweckmässigkeit der Verbindung beider
Arten von Suppen an sich gesagt haben.

Noch viel weniger nährend als die Getreidemehlsuppen sind die
in vielen acuten Krankheiten mit so grossem Vortheil zu verwendenden Obstsuppen. Man bereitet sie bekanntlich aus frischem oder
getrocknetem Obst durch Kochen desselben mit Wasser unter nach-
folgendem Durchgeben, mit und ohne Zusatz von Zucker, Citronen-
schale u. s. w. Ihr Nährwerth geht aus folgender Tabelle hervor:

	Wasser	Eiweiss	Kohlehydrate	
Frische Aepfel enthalten:	84,5 %	0,3 %	14,9 %	(Wolff)
„ Birnen „	80 „	0,3 „	19,2 „	„
gedörrte „ „	22 „	1,2 „	74,9 „	„
frische Zwetschen „	81 „	0,8 „	17,6 „	„

und in den Obstsuppen ist meistens das Verhältniss des Obstes zu
dem zugesetzten Wasser wie 1 : 4—5.

Der diätetische Werth der Obstsuppen liegt aber zum grössten
Theil in dem Gehalt an organischer Säure, sowohl freier, wie ge-
bundener.

Aepfel haben in 100 Theilen
0,89 freie Säure und 0,7 Asche,
Kirschen haben in 100 Theilen
0,62 freie Säure und 0,82 Asche.

Die freie Säure ist in den Aepfeln Apfelsäure, in den Zwet-
schen und Kirschen Apfel- und Citronensäure; die Salze sind vorwiegend Kalisalze bis zu 62 % der gesammten Salzmenge, und
theils als schwefelsaures, theils als apfelsaures Kali vorhanden.

Von den Kohlehydraten ist in den vollständig reifen Früchten
ein sehr grosser Theil Zucker, z. B. in süssen Kirschen 10,7 %. Der
Gehalt des Obstes an Pectin und Gummi, in der oben genannten
Summe von Kohlehydraten mit einbegriffen, ist aus folgender Tabelle zu entnehmen:

	Lösl. Pectinkörper und Gummi	Pectose
Süsse Kirschen haben	0,67 %	0,46 %
Zwetschen „	2,12 „	0,63 „
Birnen „	4,10 „	0,60 „

Ans allem diesem geht hervor, dass die Obstsuppen nur ganz minimale Mengen Protein, etwas grössere Mengen von Kohlehydraten resp. Pectin, daneben etwas freie Säure und noch pflanzensaure Alkalien enthalten. Wir wissen, dass die Säure und die organischen Salze die Peristaltik vermehren, gelinde auf den Stuhl und auf die Nierensecretion wirken, und dass die pflanzensauren Alkalien nach ihrer Aufnahme ins Blut in kohlensaure Alkalien verbrannt werden.[1]) Alle Obstsuppen haben etwas Angenehmes, Frisches und dem Fiebernden ungemein Zusagendes. — Sie sind zu verbieten in jenen febrilen Krankheiten, in denen Intestinalentzündung mit Durchfällen besteht und, wo vermehrte Peristaltik zu fürchten ist, dann aber in sämmtlichen acuten Krankheiten des ersten kindlichen Alters, weil hier die freie Säure so leicht nachtheilig auf die Schleimhaut des Digestionstractus einwirkt. Sehr zu empfehlen sind sie dagegen in allen übrigen fieberhaften Krankheiten, besonders bei hochgradig darniederliegender Verdauung, und wenn gleichzeitig eine Beförderung der Stuhlentleerung indicirt ist, also bei Meningitis der Convexität, bei acuter croupöser Pneumonie, desgl. bei Pleuritis, bei acutem Gelenkrheumatismus, bei Endocarditis und nach Ablauf der ersten Tage auch bei schwerem Typhus, wenn er ohne Durchfälle bleibt. Selbstverständlich ist aber eine solche Diät nicht länger beizubehalten, als es das Darniederliegen des Verdauungsvermögens erfordert; bessert sich dieses, so ist eine proteinreichere Nahrung sofort anzuordnen.

Die Obstgallerten enthalten im Wesentlichen die dem Pectin nahestehende Pectinsäure, Zucker und organische Säuren, sind milde und Fiebernden recht angenehm. Die Fruchtsäfte, in denen Pectinstoffe sich nicht mehr finden, weil sie durch Gährung zerstört worden sind, enthalten als für uns beachtenswerth organische Säuren und viel Rohrzucker. Sie sind, mit Wasser gemischt, ein angenehmes kühlendes Getränk, welches aber leicht die Verdauung schädigt und Durchfälle hervorrufen kann, daher nie in grossen Quantitäten, nie andauernd und nie bei vorhandenen Diarrhöen gereicht werden darf.

---

1) Durch ihre rasche Oxydation dürften diese Salze deshalb in ähnlicher Weise günstig wirken wie die Kohlehydrate und die Alcoholica. Dass sie in fieberhaften Krankheiten vortheilhaft zu verwenden seien, war schon vor zwei Jahren in der Abhandlung des Verfassers über die Störung der Verdauung in der Ruhr betont worden, und bringt deshalb die Abhandlung von Hartsen (Centralbl. f. d. med. Wissensch. 1876. 2) in Bezug auf diesen Punkt nichts Neues.

Die aus reinem Stärkemehl, z. B. Arrowroot, Sago, durch Kochen mit Wasser bereiteten, und allen Stickstoffs entbehrenden Suppen bieten in schweren acuten Krankheiten keinen Vortheil, da zu wenig von dem Stärkemehl verdaut wird, und immerhin die Möglichkeit vorliegt, dass die hier so grosse Menge des Unverdauten nachtheilig wirke. Die nur Pflanzenschleim resp. Gummi enthaltenden Getränke, wie Eibischabkochung, Traganthschleim, entbehren ebenfalls jeden Stickstoffgehaltes, rufen keinerlei Nachtheile hervor, werden aber von den bei weitem meisten Patienten nur höchst ungern, wenigstens auf längere Zeit, genommen. Ihr minimaler nutritiver Werth[1]) hatte sie in früherer Zeit, als man alles Nährende dem Kranken möglichst zu entziehen bestrebt war, zu Ansehen kommen lassen; jetzt werden sie selten verordnet.

Es ist oben erwähnt worden, dass zur Erhöhung des Nährwerthes wenig proteinhaltiger Fieberkost die Milch verwendet werden könne. Wenn ein solcher Zusatz von etwa einem Dritttheil Kuhmilch zu zwei Drittheilen Gerstenschleim sich zu diesem Zwecke als passend und wohlthätig erweist, so ist das Gleiche von der unverdünnten Milch nicht zu sagen. Es gibt freilich Kranke, welche sie trotz ziemlichen Fiebers ohne allen Nachtheil nehmen und ihnen ist sie zweifellos zu gestatten. Aber dies ist entschieden nur Ausnahme. In der Regel wird die Milch von Fiebernden nicht gut verdaut, wie dies ja bereits oben erörtert wurde. Es tritt nach dem Genusse, zumal bei Erwachsenen, leicht Druck und Völle im Epigastrium, belegtere Zunge, schlechter Geschmack und vermehrte Appetitlosigkeit, bei vorhandenen Durchfällen Verschlimmerung derselben ein. Deshalb ist es nöthig, bei der Darreichung der Milch mit Vorsicht zu Werke zu gehen, sie stets in Verdünnung zu reichen, sie langsam und jedesmal nur in kleinen Quantitäten trinken zu lassen und auszusetzen, wenn die eben bezeichneten Symptome einer nachtheiligen Wirkung eintreten.

Wo sie verdaut wird, ist sie ein ungemein schätzenswerthes Diäteticum auch für acut-febrile Kranke und besonders für Reconvalescenten. Unbedingt zu verbieten ist sie nur in der Ruhr mit Erbrechen, in der Peritonitis, im Typhus mit starken

---

[1]) Nach neueren Versuchen in München (vgl. Zeitschrift für Biologie Bd. 10 Hft. 1) scheint es, als ob dem Quitten- und Salepschleim, dem arabischen Gummi etc. doch ein etwas höherer Nährwerth zukommt, als man bisher geglaubt hat.

Durchfällen und in der acuten Gastro-enteritis. — Dass man bei fiebernden Säuglingen jedoch nach den eben erörterten Grundsätzen nicht stricte handeln darf, dass man bei ihnen die Nachtheile der Beibehaltung der Muttermilch während der Krankheit gegen die Gefahren einer plötzlichen Entziehung mit grosser Gewissenhaftigkeit und Sorgfalt abwägen muss, ist jedem praktischen Arzte bekannt. Hier gilt es vor Allem zu individualisiren, die Kräfte der kleinen Patienten, die Heftigkeit der auf die Milchnahrung zu beziehenden Symptome des Erbrechens und der Durchfälle abzuschätzen und unter Umständen erst mit einer temporären Entziehung der Brust den Versuch zu machen, nach den Folgen einer solchen Veränderung aber das Weitere einzurichten. Nur so wird man sich vor allzu voreiligen Schritten schützen, deren Nachtheile nicht wieder gut zu machen sind. Im Allgemeinen aber sind fiebernde Säuglinge so lange an der Brust zu lassen, bis zwingende Gründe, zu einer anderen Ernährung überzugehen, vorliegen.

Die Molken stehen nach ihrer chemischen Constitution (93 % Wasser, 0,3 % Protein, 5,7 % Zucker) und nach ihrer Wirkung den Obstsuppen am nächsten; sie sind deshalb wie diese in hochgradigem Fieber bei schwer darniederliegender Verdauung zu empfehlen, wenn nicht etwaige Diarrhöen ihre Anwendung verbieten.

Von grossem Werthe in febrilen Krankheiten sind die von Fiebernden unstreitig leichter als die Milch verdaut werdenden Surrogate derselben, die Suppen aus Faust-Schuster'schem und aus Nestle'schem Mehle. Ersteres enthält nach Dr. H. Müller in 100 Theilen[1]:

11,81 Protein
79,06 Kohlehydrate
1,87 Nährsalze } 31,70 % Phosphorsäure
29,78 % Kali
7,26 Feuchtigkeit.

Von dem Mehle sind
56,04 % in kaltem Wasser unlöslich
36,70 % in kaltem Wasser löslich
3,34 % Glycose.

Im Nestle'schen Mehle sind nach Dr. H. Müller enthalten:
10,0 % Protein
1,8 % Asche, in der
22,6 % Phosphorsäure ist.

[1] Archiv der Pharmacie IV. Bd. II. Heft. 1875.

Wir haben fast nur mit Faust-Schuster'schem Mehle, mit diesem aber zahlreiche Versuche bei verschiedenen Patienten angestellt und können sagen, dass die aus demselben in zweckmässiger Verdünnung bereiteten Suppen bei vielen fieberhaften Krankheiten, besonders beim Typhus der Kinder, von ausserordentlichem Nutzen gewesen sind. Erwachsene nehmen solche Suppen allerdings weniger gern und vor Allem nicht auf längere Zeit, Kinder dagegen, auch wenn sie schon die ersten zwei Jahre hinter sich haben, verweigern sie sehr selten. Ist die Verdauung einigermassen erhalten, wie bei mittelschwerem Typhus, nicht zu heftiger Bronchitis, so kann über die Zweckmässigkeit einer solchen Fieberdiät, die alle dem Organismus zukommenden Substanzen in flüssiger Form ohne schädliche Beimengungen enthält, kein Zweifel bestehen. Ist das Digestionsvermögen erheblicher gestört, so dass nur wenig Protein verdaut werden kann, so darf man nur stark verdünnen, etwa 1 auf 10, um eine auch dann passende Fieberkost herzustellen. Bei ganz oder fast ganz erloschenem Verdauungsvermögen muss man allerdings davon abstehen, derartige Suppen zu verordnen. Nachtheile besonderer Art sind uns bei dieser Diät niemals aufgestossen, als bemerkenswerth aber dürfte es erscheinen, dass in verschiedenen Fällen von Abdominaltyphus bei Kindern heftige Durchfälle nach Darreichung dieser Mehlsuppen sofort sich minderten, und dass die Reconvalescenz eine sehr rasche war.

Auch das etwas leichter einen dünnen Stuhl erzeugende Liebig-Liebe'sche Präparat lässt sich mit grossem Vortheil in der Fieberdiät verwenden, desgleichen die Liebig'sche Kindersuppe, hier ohne Milchzusatz und etwas dünner bereitet.

Sehr werthvolles Material für die Diät der acut-febrilen Kranken liefert uns noch das Fleisch. Jedoch sind die einzelnen, zur Fieberkost verwendeten Zubereitungen desselben keineswegs in ihrer Wirkung einander so gleich oder nahestehend, wie vielfach angenommen wird. Worauf es ankommt, ist vor Allem der Gehalt dieser Zubereitungen an Eiweiss, an Extractivstoffen und an Salzen. Gutes Rindfleisch enthält nach Liebig in 100 Theilen:

17 Theile in kaltem Wasser unlösliche stickstoffhaltige Substanz, von der 0,6 Theil leimgebendes Gewebe ist,
6 Theile in kaltem Wasser löslicher Stoffe, Eiweiss und Extractivstoffe,
2 Theile Fett,
75 Theile Wasser.

Die durch Ausziehen mit kaltem Wasser gewonnene Masse enthält ausser Albumin noch Kreatin, Kreatinin, Hypoxanthin, Xanthin,
Sarcin, Carnin, Inosit, Fleischmilchsäure, Fettsäuresalze, saure Phos-
phate und Chloralkalien, im Ganzen 80—82 % aller im Fleische
enthaltenen Salze.

Das käufliche sog. Liebig'sche Fleischextract hat nach Pet-
tenkofer 20 % Wasser, 58 % organische Substanz, d. i. Extractivstoffe, und 22 % Asche. Die letztere enthält

> Kali   zu 32 %
> Natron   zu 13 %
> Phosphorsäure zu 38 %.

Vorschriftsmässig angefertigt ist das Extract frei von Albumin,
Fett und Leim.

Die gewöhnliche Fleischbrühe unserer Hausfrauen enthält ausser
den im Fleischextract befindlichen Substanzen etwas Albumin und,
je nach der Fleischsorte, mehr oder weniger Fett und mehr oder
weniger Leim, ausserdem aber nicht unerhebliche Mengen von zuge-
setztem Kochsalz. Eine eiweissreichere Suppe wird aber erzielt,
wenn man das feingehackte Fleisch mit kaltem Wasser übergiesst,
mit demselben stundenlang stehen lässt, dann kurz aufkocht und
durchseiht, oder wenn man das feingehackte Fleisch mit destillirtem
Wasser, dem etwas Kochsalz und einige Tropfen Salzsäure zugesetzt
waren, gut durcharbeitet, eine Stunde stehen lässt und dann ohne
vorheriges Kochen durch ein feines Haarsieb gibt. In diesem Extr.
carnis acido paratum ist Stickstoffsubstanz zu ca. 1—2 % enthalten.
Der frisch ausgepresste Fleischsaft aus bestem Rindfleisch enthält
dagegen zwischen 6—9 % Stickstoffsubstanz, ist säuerlich und für
einige Tage haltbar, wenn in der Kälte aufbewahrt. Die Fleischsolution Leube's, durch mehrstündiges Kochen von gehacktem
Fleisch in mit Salzsäure versetztem Wasser unter luftdichtem Ver-
schluss hergestellt, enthält ausser unveränderter Eiweisssubstanz wech-
selnde Mengen von Peptonen, richtig bereitet den gesammten Stick-
stoff des benutzten Fleisches.

Zu grossem Ansehen ist zumal in der Kinderpraxis eine Brühe
gelangt, welche in der Weise hergestellt wird, dass man feingehack-
tes Fleisch in eine Flasche gibt, diese zugekorkt in Wasser stellt
und letzteres so lange kocht, bis innerhalb der Flasche die alsdann
ohne allen Zusatz verwendbare Flüssigkeit aus dem Fleische heraus-
gequollen ist. — Die grosse Verschiedenheit aller dieser Suppen in
Bezug auf ihren Nährwerth erhellt schon aus der Art der Zuberei-

tung; aber auch die Wahl der Fleischsorte ist von Einfluss. Denn
es enthält z. B.

	Wasser	Glutin	Eiweiss	Fett
Rindfleisch	776,0 %	19,8 %	19,9 %	30,0 %
Kalbfleisch	780,0 „	44,2 „	12,9 „	12,9 „
Huhn	773,0 „	12,0 „	30,0 „	14,0 „

so dass die Kalbfleischbrühe cet. par. am meisten Leim, am wenigsten Eiweisssubstanz enthalten würde.

Gehen wir nun auf die Wirkung dieser Zubereitungen ein, so
ist zunächst klar, dass wir vom Fleischextract keine directe Ernährung des Fiebernden erwarten dürfen, da es weder Eiweiss, noch Fett,
noch Kohlehydrate führt. Dagegen wird es durch seine Salze und
Extractivstoffe anregend, belebend wirken, und unter Umständen sogar
diese anregende Wirkung in nachtheiliger Weise geltend machen.
Dass es einen derartigen excitirenden Effect haben könne, ist von
Einigen geleugnet, von Anderen behauptet worden. Wir erinnern
in dieser Beziehung an die Arbeiten Kemmerich's[1]), Hörschelmann's[2]), Bogolowski's[3]) und Bunge's[4]), von denen die des
letzteren denen des ersteren vollständig widersprechen. Ziehen wir
aber die Beobachtung am Krankenbette mit zu Rathe, so können
wir die in gutem und in nicht gutem Sinne erregende Wirkung des
Fleischextractes nicht bezweifeln. Haben wir doch gar nicht so
selten Gelegenheit, den gewünschten Effect der Belebung und Anregung wahrzunehmen, so in adynamischen Zuständen und in dem
Ablaufsstadium der acuten Krankheiten, in welchem mit dem Nachlasse der Hyperästhesie der Verdauungsschleimhaut das Digestionsvermögen sich zu retabliren beginnt, und nunmehr eine Anregung
des letzteren nicht blos vertragen wird, sondern vorsichtig geübt
sogar von günstigstem Einflusse ist. Andererseits lässt sich die in
nachtheiliger Weise anregende Wirkung des Fleischextractes gleichfalls am Krankenbette beobachten. Gewiss haben kleine Dosen
keinen derartigen merkbaren Effect, gewiss tritt eine Fiebersteigerung selbst nach grösseren Quantitäten nur bei erheblicher Reizbarkeit der Verdauungsorgane ein; dass aber in acuten Krankheiten
nach etwas bedeutenderen Mengen Hitzegefühl, Herzklopfen, Puls-

---

1) Kemmerich, Ueber die Wirkungen u. s. w. des Fleischextractes. 1870.
2) Hörschelmann, Petersb. med. Zeitung. 1871.
3) Bogolowski, Med. Centralblatt. 1871.
4) Bunge, Archiv für Physiologie. IV. 1871.

eschleunigung, Würgreiz und Verschlechterung des etwa noch vorhandenen Appetites, also Symptome von Excitation des Nervensystems und von Irritation des Magens eintreten können, wird Niemand leugnen wollen. Jedenfalls muss man die Möglichkeit der
erregenden Wirkung des Fleischextractes im Auge behalten, um der-
rtige Symptome, wie sie eben angeführt wurden, gegebenen Falles
ichtig deuten zu können. Nach Allem diesem ergibt sich nun für
lie Anwendung des Fleischextractes das Folgende:

Es in jeder acuten Krankheit von Anfang an täglich zu reichen,
st mindestens zwecklos. Sind aber zu irgend einer Zeit, eventuell
also auch im Anfange, die Symptome derart, dass eine momentane
asche, oder eine fortlaufende Anregung des Nervensystems nöthig
rscheint, z. B. bei acuten Leiden der Greise, bei febrilen Zuständen
ach starken Blutverlusten, bei vielen Recidiven in hitzigen Krank-
eiten, bei schwerem Typhus nach Ablauf der ersten acht bis zehn
Tage, wenn das durch die gesteigerte Bluthitze, Schlaflosigkeit und
mangelhafte Ernährung erschöpfte Nervensystem eines Stimulus bedarf, um bis zur Abnahme der Krankheit weiter functioniren zu
können, und bei allen plötzlichen Schwächezuständen, überall da ist
es von entschiedenem Vortheil, das Fleischextract mehrere Male
täglich in warmem Wasser oder als Zusatz zu anderen Suppen, einen
Theelöffel voll pro dosi, zu reichen. Von unbestrittener Wichtigkeit
ist endlich die Anwendung desselben im Beginne und im ferneren
Verlaufe der Reconvalescenz, wo es darauf ankommt, die neu sich
wieder regende plastische Thätigkeit, die Blutbildung und die Rege-
neration der im Fieber veränderten Organe durch Anregung der Verdauung und durch Zuführung der verloren gegangenen Nährsalze zu
fördern. — Ganz dasselbe gilt von der gewöhnlichen Fleischbrühe,
die allenfalls durch ihren Leim- und geringen Eiweissgehalt einen
etwas günstigeren Gesammteffect erzielt, wenn sie nicht heiss genossen wird.

Die eiweissreicheren Fleischsuppen sind dagegen da am
Platze, wo man anregen will und wo zugleich die Gewissheit vorliegt, dass eine Eiweissverdauung möglich ist, also bei beginnender
Reconvalescenz und in vielen andauernden Schwächezuständen, bei
denen das Fieber nicht so heftig ist, oder das Digestionsvermögen
sich schon wieder etwas retablirt hat; im schweren Collaps sind sie
zwecklos, weil hier die Fähigkeit zu assimiliren fast immer ganz
erloschen ist. Das Infusum carnis acido paratum dürfte, kühl genossen, unter den eiweisshaltigen Fleischsuppen hier zunächst zur

Verwendung gelangen; sein ziemlich constanter Proteingehalt ist so wenig bedeutend, dass es sicherlich verdaut wird, wo überhaupt noch Eiweiss verdaut werden kann. Doch ist stets zu bedenken, dass es gar keine stickstofffreien Substanzen enthält, dass diese also nebenher zu reichen sind.

Der so viel beliebte Zusatz von Eigelb[1]) zur Fleischbrühe führt dieser neben vielem Albumin eine erhebliche Menge Fett zu und ist deshalb mit Vortheil da zu verwenden, wo das Verdauungsvermögen leidlich erhalten oder wieder in der Restauration begriffen ist.

Das Eierweiss, welches ca. 86 % Wasser und nahezu 14 % Albumin enthält, ist mit dem Zehnfachen seines Volumens Wasser verdünnt, ein einfaches und unschädliches Mittel, um einem Organismus, der überhaupt noch Protein verdauen kann, dasselbe zuzuführen. Leider wird aber diese Mischung, selbst nach Zusatz von Zucker und etwas Cognac, von den meisten Fiebernden so wenig gern genommen, dass wir höchstens einen vorübergehenden Gebrauch von ihr machen können. Dagegen ist das Eierweiss das allerbequemste Mittel zur Herstellung von Peptonlösungen. Nimmt man 50 Grm. desselben, setzt 100 Grm. destillirten Wassers hinzu, kocht diese Masse kurz auf, fügt dann 0,50 Grm. gutes Pepsin und 0,50 Grm. Salzsäure hinzu, digerirt dann bei einer Temperatur von 40 °, so bekommt man, allerdings nicht ganz rasch, eine Flüssigkeit, in der kein Albumin mehr, nur Peptone nachzuweisen sind. Neutralisirt man die Lösung, filtrirt man, und setzt man dann dem Filtrat Alkohol zu, so hat man in dem entstandenen Niederschlage die Peptone, hier also von ca. 7 Grm. Albumin, und kann dann durch Zusatz von destillirtem Wasser beliebig starke Lösungen herstellen. (Vergl. Voit und Bauer, Zeitschrift für Biologie. V. 536—570).

Was die Wirkung des Leimes bei Fiebernden betrifft, so ist darüber schon oben gesprochen worden. Es sei hier nur noch etwas über die Zubereitungen erwähnt, in denen er den Kranken zugeführt werden kann. Bekannt ist, dass die verschiedenen, aus geraspeltem Hirschhorn durch Kochen mit Wasser hergestellten Gallerten Leim enthalten, so das Dec. alb. Sydenhami, welches mit Hülfe von Mica panis, G. arab. und Zucker, und die Gelatina C. Cervi

---

1) Es enthält: 51,5 % Wasser, 16 % Albuminate, 21 % Fett und 1,5 % Asche, in letzterer phosphorsauren Kalk, Chlorkalium, Chlornatrium und schwefelsaures Kali.

acidula, welche mit Rheinwein, Citronensaft und Zucker bereitet
wird. — Am einfachsten ist aber eine leimhaltige Suppe aus Kalbsfüssen herzustellen, wie dies jede Hausfrau versteht; wir brauchen
nur hinzuzufügen, dass man zu einer solchen Suppe um des bessern
Geschmackes willen zweckmässig etwas Muskelfleisch mit verwendet.
— Auch das aus Gelatine und etwas Wein bereitete Weingelée gehört hierher.

Mit Hülfe aller dieser Nahrungsmittel lässt sich nun eine etwas
Abwechselung bietende Fieberkost sehr wohl herstellen. Jedoch
können wir noch nicht schliessen, ohne zuvor einzelner Genussmittel
gedacht zu haben, welche bei der Behandlung vieler acuten Krankheiten nicht zu entbehren sein dürften. Hierher sind vor Allem die
Alcoholica zu rechnen. Nach vielfachen, anfangs einander wider-
sprechenden Versuchen[1]) haben sich in neuester Zeit fast alle Autoren
dahin geäussert, dass die Spirituosen eher eine Herabsetzung als
eine Erhöhung der Bluthitze Fiebernder zu Wege bringen, dass sie
also nicht mehr aus dem früher angenommenen Grunde der Fiebersteigerung zu verbieten, sondern sogar als Antipyretica zu verwenden
seien.[2]) Man glaubt, dass der die Temperatur herabsetzende Effect
dadurch zu Stande komme, dass der Alkohol durch Verlangsamung
der Sauerstoffabgabe der Verbrennung der Körperbestandtheile entgegen wirke. Mag diese auf Schmiedeberg's[3]) Untersuchungen
sich stützende Ansicht richtig sein oder nicht, so kann die Thatsache
der auf den Genuss von Spirituosen fast immer eintretenden geringen Temperaturherabsetzung doch nicht mehr bezweifelt werden.
Wir wissen ferner, dass der Alkohol rasch absorbirt und rasch in
Kohlensäure und Wasser oxydirt wird. Nach alle diesem müssen
wir ihn als Nutriens und Antipyreticum anerkennen, in welcher Eigen-
schaft er bei länger anhaltenden acuten Krankheiten, z. B. beim Typhus unbestreitbar sich günstig erweist. Aber diese Vortheile können
uns doch nicht veranlassen, der Anwendung desselben in allen acuten

---

1) Vgl. die Arbeiten von Bouvier, Obernier und Rabow in Berliner
klin. W. 1869 und Pflüger's Archiv. 1869. S. 370.
2) Vergl. Binz, Berliner klin. Wochenschrift. 1869. 31. — Conrad, Ueber
Alkohol- und Chininbehandlung bei Puerperalfieber. 1875. — Daub, Ueber die
Wirkung des Weingeistes etc. Archiv für exp. Pathol. 1875. — Strassburg,
Exper. Beitrag zur Wirkung des Alkohols im Fieber. Virchow's Archiv. Bd. 60.
— Riegel, Ueber den Einfluss des Alkohols auf die Körperwärme. Archiv für
klin. Medicin. XII. 1874.
3) Schmiedeberg, Petersb. med. Ztg. XIV.

Krankheiten vom ersten Beginne an und zumal nicht der Anwendung
der vielfach warm empfohlenen grossen Dosen bedingungslos das
Wort zu reden. Denn es ist nicht in Abrede zu nehmen, dass eine
solche Darreichung' des Alkohols auch Nachtheile im Gefolge hat
oder haben kann. Zunächst möge darauf hingewiesen werden, dass
man nach einer häufigeren Darreichung selbst verdünnter Spirituosen,
z. B. des Tokayerweines, besonders in kindlichen Leichen sehr oft
auffallend starke, selbst mit Ekchymosen verbundene Hyperämien
der Magenschleimhaut vorfindet, die immerhin ein bedeutsames und
warnendes Zeichen sind. Ausserdem lehrt die Erfahrung, dass, obgleich im Allgemeinen Fiebernde selbst gegen beträchtliche Gaben
Alkohol eine bedeutende Resistenz besitzen, doch in diesem Punkte
die Individualitäten vielfach unberechenbar sind und dass der Alkohol
gar nicht selten bei den an seinen Genuss nicht gewöhnten oder besonders empfindlichen febrilen Patienten eine Reihe böser Symptome,
Unruhe, Schlaflosigkeit, wilde Träume, Herzklopfen, Pulsbeschleu-
nigung, Alles dies ohne Temperatursteigerung, hervorruft und dadurch,
sowie durch die der Erregung folgende Erschlaffung zu einer Verschlimmerung des Leidens Veranlassung gibt. Eine derartige üble
Nebenwirkung, die auch ohne excessive Dosen eintreten kann, braucht
man nur einmal erlebt zu haben, um für alle Zeiten zur Vorsicht
gemahnt zu sein. — Aber die fortlaufende Anwendung der Spirituosen in allen Stadien einer acuten Krankheit hat noch einen anderen Nachtheil. Der Alkohol ist unser bestes Mittel, um in Schwächezuständen rasch eine oft lebensrettende Wirkung zu schaffen. Wird
er nun vom Anfang einer fieberhaften Krankheit an täglich mehrere
Male gegeben, so kann es sich ereignen, dass durch ihn ein analeptischer Effect, wenn er etwa nothwendig wird, nicht mehr zu erzielen ist. Es muss also auch dies Moment bei der Frage, ob und
wie viel Alkohol in acuten Krankheiten gereicht werden soll, stets
im Auge behalten werden, wie dies schon Liebermeister[1]) tref-
fend hervorgehoben hat. So gelangen wir unter gleichzeitiger Be-
rufung auf die eigene Erfahrung am Krankenbette zu dem Schlusse,
dass es am richtigsten ist, den Alkohol der Regel nach während
acut-fieberhafter Krankheiten nicht in den grossen, neuerdings so
sehr empfohlenen Quantitäten und nur in starker Verdünnung zu
reichen, grössere Dosen und stärkere Concentration aber nur dann
anzuwenden, wenn ein analeptischer Effect nöthig ist, d. h. wenn

---

1) Handbuch der Pathologie und Therapie des Fiebers. S. 658.

entweder ein adynamischer Zustand eingetreten ist oder als herannahend erscheint. Immer aber ist es rathsam, zumal wenn das Verhalten des Patienten gegen Spirituosen noch nicht genau bekannt ist, die Wirkung der ersten Dosis abzuwarten, ehe weitere Bestimmungen getroffen werden. So lässt sich, ohne die Gefahr übler Nebenwirkungen, durch die Alcoholica als Vorbeugungsmittel gegen drohende, und als Heilmittel gegen eingetretene Asthenie Grosses leisten.

Als Diäteticum geben wir eine Mischung von 3—5 Theilen Alc. absol. auf 100 Theile Wasser oder Traubenzuckerwasser, so dass täglich 12,5 Grm. Alc. abs., oder 13,5 Grm. Spir. v. rectificatissimus, oder 27,5 Grm. Cognac verbraucht werden dürfen; als Analepticum 15—30 Grm. Cognac, rein oder mit Wasser ana (resp. äquivalente Gaben von Alc. abs. und Spir. v. rectificatissimus), bei plötzlichem Collapsus die höchste Dosis, bei allmälig sich ausbildender Adynamie die kleinere Dosis von 15 Grm. zwei- bis sechsmal am Tage, indem wir je nach Bedürfniss mit der Zahl der Dosen steigen. (Näheres bei den speciellen Krankheiten.) Die Spirituosen in einer der eben bezeichneten Formen zu reichen, ist schon um der sicheren Dosirung und dann auch deshalb besser, weil in denselben kein Fuselöl vorkommt.[1]) Ist man gewiss, echte Weine zu haben, z. B. guten Portwein, Tokayer, so kann man selbstverständlich diese verdünnt und nicht verdünnt, je nach dem erstrebten Effect, verwenden.

Portwein hat (Schlossberger) 20—23 % Alkohol
Madeira „ „ 20—23 „ „
Xeres „ „ 20 „ „
Malaga .. „ 16 „ „
Bordeaux „ „ 15 „ „

Guter Portwein und Tokayer sollten übrigens in jeder Apotheke in jeder beliebigen Quantität zu haben sein, damit man sie auch für die weniger bemittelten Patienten verwenden könnte.

Kleineren Kindern reiche man in acuten Krankheiten Spirituosen niemals zu anderem Zwecke, als um in Schwächezuständen analeptisch zu wirken. Einestheils ist bei diesen Patienten die Erregbarkeit des Nervensystems grösser als bei Erwachsenen, und anderentheils haben viele acute Krankheiten des kindlichen Alters entschieden Neigung, Gehirn und Gehirnhäute in Mitleiden-

---

1) Dies letztere ist wenigstens zu präsumiren, resp. bei dem Spir. vini rectificatissimus der Apotheken zu verlangen.

schaft zu ziehen. Dies letztere würde aber durch Darreichung der ohnehin dem kindlichen Organismus fremden Spirituosen leicht befördert werden können. Dass man bei entzündlichen Affectionen innerhalb der Schädelhöhle sie auch bei Erwachsenen allerstrengstens vermeiden muss, ist schon oben gesagt worden.

Gutes, von allen schädlichen Beimengungen freies Bier kann man Fiebernden gern gestatten. Sein Gehalt an Alkohol ist 1,5—4 %, an Dextrin, Zucker und Eiweiss zusammen 2—3 %, an Kohlensäure 1—3 pro mille seines Volumens; es hat also sehr wenig nährende und keine dem Fiebernden nachtheilige Substanzen, auch den Alkohol in starker Verdünnung. Besonders angenehm scheint es alten, an acuten Brustaffectionen Erkrankten zu sein, die es oft stürmisch fordern.

Auch vom Kaffee kann man in fieberhaften Krankheiten Gebrauch machen. Ein starker Absud ist nächst dem Alkohol unstreitig das beste Analepticum und als solches mit demselben, oder wo Alkohol contraindicirt ist, allein (resp. neben Fleischbrühe) zu verwenden. Milchkaffee, aus schwachem Kaffee und vieler Milch bereitet und lauwarm genossen, darf allen Fiebernden gereicht werden, falls sie ihn wünschen und die Milch in dieser Form vertragen. Auch Thee kann man den an seinen Genuss Gewöhnten im Fieber gestatten, wenn kein zu starker Absud genommen wird. Beide Getränke sind den meisten Patienten angenehm, weil sie den Durst sehr gut löschen und somit eine Abwechselung gegenüber dem Genusse von einfachem Wasser oder Zuckerwasser bringen. Ihr Einfluss auf die Verminderung des Stoffwechsels wird bei diesen schwachen Absuden nicht hoch anzuschlagen sein.

Gewürze könnte man den Fiebernden in der Absicht verordnen, die wenig schmackhaften Suppen etwas angenehmer zu machen und die Thätigkeit der Digestionsorgane anzuregen. Dies letztere ist eigentlich nur in der Reconvalescenz indicirt; während des acuten Fiebers liegen ja, wie bereits hervorgehoben ist, die plastischen Processe adäquat dem Verdauungsvermögen darnieder. Hier kann also die Anregung der Digestionsthätigkeit keinen Nutzen, wohl aber nachtheilige Folgen haben. Denn dass dadurch, zumal bei der Anwendung stärkerer Gewürze, leicht die hyperästhetische Schleimhaut in noch höhere Irritation versetzt werden kann, ist nicht in Abrede zu nehmen. Es ist deshalb, um den erstgenannten Zweck, die Herstellung einer schmackhaften Krankenkost zu erzielen, am besten, nur das einfachste Gewürz, nämlich Kochsalz, zu gestatten, welches,

dem Körper überhaupt unentbehrlich, in den zu den Suppen verwendeten Substanzen meist sehr sparsam vorhanden ist. Auch dieses
darf bei den acuten Entzündungen des Digestionstractus nur in geringen Mengen zugesetzt werden.

Stellen wir nun die gewonnenen Resultate noch einmal kurz zusammen, so erhalten wir folgende Normen für die diätetische Behandlung der acuten Krankheiten:

Jeder Fiebernde muss in hinreichender Quantität durstlöschendes
Getränk, am besten Wasser oder (Trauben-)Zuckerwasser bekommen.
Fruchtsäfte mit Wasser dürfen zu gleichem Zwecke nicht benutzt
werden bei vorhandenen Durchfällen, wenn eine Verstärkung derselben nachtheilig wirken könnte, ferner nicht im frühen kindlichen
Alter und nicht in denjenigen Krankheiten, in denen eine vermehrte
Darmperistaltik zu fürchten ist. Alcoholica sind, mehr oder weniger
verdünnt, in den meisten acuten Leiden erlaubt, in vielen heilsam; ihre hauptsächlichste Verwendung sei die, analeptische Wirkung
zu erzielen.

Da bei acuten Krankheiten die plastischen Processe darniederliegen, so ist die Darreichung von vielem Protein zwecklos, um so
mehr, als nur geringe Quantitäten verdaut werden können. Dagegen
empfiehlt es sich, Fiebernden vorwiegend Kohlehydrate zu reichen,
weil diese leicht assimilirt werden und wahrscheinlich auch im Fieber
den Eiweissverbrauch einschränken. Ganz ohne Protein kann aber
auch der fiebernde Organismus nicht auskommen, weil die physiologischen Vorgänge wohl alterirt, aber nicht aufgehoben sind. Wo
also Eiweisssubstanzen verdaut werden können, müssen sie diesem
Verdauungsvermögen entsprechend gereicht werden. — Ein für alle
acuten Krankheiten passendes Nahrungsmittel liefern die Getreidemehlsuppen, die auch, wenn sie unvollständig verdaut werden, nicht
nachtheilig wirken. Ist das Verdauungsvermögen ganz erloschen,
so werden sie zweckmässig durch Obstsuppen, Molken, Eibischabkochung ersetzt, bessert es sich, so reicht man Getreidemehlsuppen
mit etwas Milch, Malzextract, eventuell mit eiweissreicher Fleischsuppe, oder auch Abkochungen von Nestle'schem resp. Faust-
Schuster'schem Mehle. Die Darreichung von stimulirender Fieberkost, sei sie proteinhaltig oder nicht, hat nur Zweck, wenn Veranlassung zur Anregung des Nervensystems oder der Digestionsthätigkeit vorliegt.

Alle Fieberkost sei flüssig und werde nur in kleinen Quantitäten
gegeben. Erst nach völligem Aufhören des Fiebers einer acuten

Krankheit darf die Darreichung consistenterer Nahrung in Frage kommen. Zieht sich das Fieber in die Länge, so kommt mit dem Aufhören der grossen Empfindlichkeit der Digestionsorgane ein Zeitpunkt, von welchem an auch feste Nahrung trotz des Fiebers ohne allen Nachtheil gereicht werden kann. Jeder Uebergang zu dieser letzteren soll aber ein sehr langsamer sein nicht blos hinsichtlich der Consistenz der Nahrung, sondern auch hinsichtlich der Menge, und jede Zugabe sei dem Grade der Steigerung des Verdauungsvermögens möglichst adäquat. Die Vorsicht sei um so grösser, je näher der Verdacht liegt, dass eine während des acuten Zustandes bestandene entzündliche Affection der Digestionsschleimhaut noch nicht völlig gehoben ist. Man gewöhne sich deshalb, die Reconvalescentenkost mit äusserster Strenge und nicht in allgemeinen Umrissen, sondern specificirt für jeden Tag und jede Tageszeit vorzuschreiben.

Specielles.

1. Typhus abdominalis.

Bei der Feststellung der diätetischen Behandlung des Typhus abdominalis ist eine Reihe wichtiger Momente zu berücksichtigen. Wir wissen, dass das Fieber durch den bedeutenden und anhaltenden Eiweissverbrauch, wie auch durch die gesteigerte Bluthitze die Leistungsfähigkeit des Nervensystems und edler Organe, besonders des Herzens, herabsetzt, dass die Blutbereitung und alle plastischen Processe schwer darniederliegen, wissen ferner, dass das Verdauungsvermögen anfänglich noch nicht sehr erheblich gestört ist, dass es aber mit steigendem Fieber geringer wird und zumal für Proteinsubstanzen auf der Höhe des Leidens nicht selten ganz erlischt, und dass es mit der Defervescenz wieder sich bessert. Wir dürfen aber auch nicht vergessen, dass die Dünndarmschleimhaut selbst in vielen Fällen extensiv und intensiv bedeutend erkrankt ist, und dass hierdurch die an sich schon in Folge des Fiebers gesteigerte Reizbarkeit des Digestionstractus noch vermehrt wird. Aber auch daran müssen wir uns erinnern, dass mit dem Aufhören des Fiebers und mit dem Wiedererwachen des Appetites nicht auch zugleich schon die locale Affection ihr Ende gefunden hat, dass im Gegentheil noch einige Wochen vergehen, bis die Darmgeschwüre geheilt sind. Berücksichtigen wir Alles dies, so werden wir die Ernährung der Typhuskranken mit äusserster Vorsicht bewerkstelligen, werden Alles vermeiden, was nur irgend die Alteration der Digestionsorgane noch vermehren, ihre Leistungsfähigkeit noch weiter herabsetzen, die Restauration der Darmmucosa aufhalten könnte, andererseits aber auch so viel an passender Nahrung reichen,

wie die Patienten irgend zu assimiliren im Stande sind.
So werden wir in den ersten drei bis vier Tagen neben den in allen
acuten Krankheiten vorwiegend zu verwendenden Kohlehydraten
noch sehr wohl Proteinsubstanzen in leidlicher Menge geben können,
werden dann die Darreichung der letzteren mehr und mehr einschränken, sie auf der Höhe der Krankheit in geringen Quantitäten
geben, resp. ganz fortlassen, mit der Besserung des Verdauungsvermögens sie aber in allmälig steigender Menge wieder reichen.
Daneben zwingt uns in den schweren Fällen, auf welche zunächst
diese Darstellung sich bezieht, die frühzeitige Erlahmung des Nervensystems und des Herzmuskels zu stimulirenden Mitteln zu greifen,
um mit ihrer Hülfe den erschöpften Organismus über die schlimmen
Stadien wegzubringen. Nur ist der Zeitpunkt, an welchem wir mit
diesen Mitteln zu beginnen haben, nicht nach einem bestimmten
Tage festzustellen. Doch ist darauf aufmerksam zu machen, dass,
so richtig es bei weniger anhaltenden, wenn auch ebenso schweren
Krankheiten übrigens kräftiger Personen ist, die Anwendung von
Stimulantien bis zu den ersten Symptomen von Asthenie zu ver-
schieben, es doch auch in anderen Fällen unter Umständen, welche
eine Insufficienz des Organismus als herannahend signalisiren, nothwendig ist, einer solchen Gefahr, schon ehe sie sich kundgibt, entgegen zu arbeiten. Derartige Umstände liegen aber beim schweren
Typhus in der Regel schon gegen das Ende der ersten Woche vor,
wo selbst kräftige Organismen sich durch die Concurrenz verschiedener schwächenden Momente meist in einem Zustande befinden, der,
selbst freilich noch keine Asthenie und keine Herzmuskelinsufficienz,
doch als ihr unmittelbares Vorstadium zu betrachten ist, da noch
mindestens eine Woche auf die Fortdauer jener die Schwächung be-
dingenden Ursachen zu rechnen ist. Wir verordnen hier also die
Stimulantien aus demselben Grunde schon vor dem effectiven Eintritt adynamischer Symptome, wie bei den meisten acuten Krankheiten schwächlicher, widerstandsunfähiger Individuen. Uebrigens
geben ein eingehendes Studium der Constitution des Erkrankten, in
specie des Zustandes seines Herzens, der Gang der Temperatur in
der ersten Woche, die Grösse des Harnstoffverlustes, das etwaige
Vorhandensein von Complicationen hier jedem ernsthaften Bestreben
zur Entscheidung der beregten Frage, zumal zur Bestimmung des
Zeitpunktes, hinreichenden Anhalt.

Im Speciellen ist nun hinsichtlich der Diät Folgendes anzuordnen:

Als Getränk wird möglichst reines, kaltes Wasser und
(Trauben-) Zuckerwasser während der ganzen Krankheit gereicht, in
soporösen Zuständen eingeflösst; Wasser mit Cognac oder gutem
Rothwein in dem oben erwähnten Verhältniss von 3 — 5 Alkohol
auf 100 Theile Wasser ist von Anfang an, Wasser mit Fruchtsäften
oder präparirten Pflanzensäuren nur beim Fehlen von Durchfällen
zu gestatten. Ein Theeinfusum darf während des ganzen Verlaufes
gegeben werden.

Als Nahrung reichen wir zunächst Milch mit einem Dritttheil
Wasser versetzt, Milchsuppen, Milch mit gleichen Theilen Kaffee,
concentrirte Getreidemehlsuppen, und beschränken uns schon etwa
vom 5. Tage an auf letztere, wenn, wie dies die Regel, die Milch
dann nicht mehr gut vertragen wird. Gestaltet sich jetzt der Verlauf zu einem schweren, so lassen wir die Getreidemehlsuppen etwas
dünner als vorher bereiten, geben sie zur Abwechselung auch mit
etwas Rothwein bereitet, oder, falls nicht stärkere Durchfälle es
verbieten, durchgeseihte Obstsuppen, ausserdem aber von der nämlichen Zeit an täglich zweimal eine halbe Tasse Leimsuppe.[1]) —
Vom 7., 8. oder 9. Tage an reichen wir Kalbfleischsuppe, zuerst
Mittags und Abends eine halbe Tasse voll, lauwarm, von da an
ebenso viel dreimal in möglichst regelmässigen Zwischenräumen,
auch von demselben Zeitpunkte an zuerst zweimal und dann dreimal täglich jedesmal ungefähr 15 Grm. Cognac oder 75 Grm. guten
Rothwein. Anstatt der Kalbfleischsuppe, der aus Rücksicht auf
ihren Leimgehalt und ihre Milde der Vorzug gebührt, geben wir,
wenn sie dem Kranken zuwider wird, Rindfleischsuppe und Lösungen von Fleischextract, beide mit Gelatinezusatz, auch, wenn nicht
vollständige Apepsie constatirt ist, das Infusum carnis acido paratum. — Vom Beginn der Fleischsuppendiät an wird übrigens die
Getreidemehlsuppe und, so lange sie nicht entschieden verweigert
wird, auch die Leimsuppe weiter verordnet für die Nacht und etwa
die frühe Morgen- und die Abendzeit. Dieses Regime soll nun durch
die ganze Acme bis zum Beginn der Restauration des Verdauungsvermögens genau dasselbe sein. Von da an bleibt die Leimsuppe
ganz fort, dagegen reichen wir die Fleischsuppen dreimal täglich
weiter, setzen ihnen Eigelb, den Getreidemehlsuppen Malzextract

---

1) Es wird hierunter eine aus Kalbsfüssen mit etwas Kalbfleisch bereitete
Suppe verstanden. Grössere Mengen von ihr zu reichen, empfiehlt sich nicht,
weil dann leicht Uebelkeit eintritt.

oder Milch zu, und lassen von Spirituosen nur guten Rothwein nehmen. Haben die Patienten Verlangen nach Kaffee, so kann man
denselben etwas stärker als im Anfangsstadium mit einem Dritttheil
Milch gern gestatten. Es ist aber schon jetzt bei allen diätetischen
Abänderungen, die des erwachenden Appetites wegen nöthig werden,
rathsam, nur mit grösster Vorsicht vorzugehen. So erlauben wir,
wenn auch das Fieber schon ganz geschwunden ist,
doch noch nicht gleich consistente Kost. Erst, wenn der
Appetit sich dauernd regt, die Zunge rein oder fast rein geworden
ist, worüber meistens noch einige Tage vergehen, verordnen wir zunächst versuchsweise zwei bis drei Theelöffel voll sehr fein geschabtes, rohes Fleisch und, falls dies gut vertragen wird, am folgenden
Tage dreimal davon einen Esslöffel voll, auch Mittags, um den
Magen an die frühere Kost allmälig wieder zu gewöhnen, zur Suppe
einige Esslöffel voll feinsten, mit süsser Milch bereiteten Kartoffelbreies. Treten bei dieser in angemessenen Zwischenräumen zu verordnenden Diät keine Zeichen einer nachtheiligen Wirkung zu Tage,
bleibt der Appetit stets rege, die Zunge rein, so setzen wir, zwei
bis drei Tage, nachdem diese Fleischdiät begonnen, zu dem jedesmaligen Genuss des rohen Fleisches etwas alte Semmel zu. Sehr
zu empfehlen ist in diesem Stadium, einigemal täglich ein Glas frisch
gemolkene Kuhmilch trinken zu lassen und dafür die Suppen bis
auf die mittägliche Bouillon zu streichen. In einem früheren Stadium wird die Milch ja meistens nicht verdaut, aber jetzt trägt sie
nicht blos zur Ernährung des Reconvalescenten, sondern, was hier
bei dem immer reger werdenden Appetit so wichtig, auch ganz erheblich zu seiner Sättigung bei. So erreichen wir das Ende der
ersten fieberfreien Woche und geben nun statt des rohen Fleisches
des Morgens ein weich gekochtes Ei und Mittags gebratenes und sehr
fein zerschnittenes Geflügel oder Wild, und wo dies nicht zu beschaffen ist, geschabtes und übergebratenes Rindfleisch, oder fein
gehacktes und dann gebratenes Kalbfleisch. Als einziges Compot
ist Pflaumenmus zu gestatten, welches aus getrockneten Früchten
durch Kochen mit Wasser und nachheriges sorgfältiges Durchrühren
hergestellt, also frei von der Fruchthaut ist. Damit bekommen wir
dann immer mehr Abwechselung und immer mehr Annäherung an
die frühere Kost, die unter allmäligen Uebergängen nach Ablauf
von drei fieberfreien Wochen wieder erlaubt werden kann bis auf
notorisch schwer verdauliche Substanzen. Um die stricte Durchführung aller dieser Anordnungen zu erreichen, ist es aber noth-

wendig, nicht blos die grossen Gefahren jedes Diätfehlers hinsichtlich der Quantität und Qualität der Nahrung, insbesondere jeder zu
consistenten Nahrung dem Patienten und seiner Umgebung klar zu
legen, sondern vor Allem eine diätetische Tagesordnung aufzuschrei-
ben, da erfahrungsgemäss die niedergeschriebenen Sätze ungleich
besser befolgt werden, als die mündlichen.

Diese Diät erfährt für den mittelschweren Typhus nur diejenige
Aenderung, welche sich durch den etwas besseren Stand des Verdauungsvermögens von selbst ergibt. Es ist hier sehr oft möglich
und jedenfalls zu versuchen, die zu Anfang jedes nicht mit besonderem Gastricismus complicirten Typhus zu verordnenden Milch-
Getreidemehlsuppen bis zum Beginn der zweiten Woche oder noch
weiter zu reichen. In der Regel werden wir durch die Durchfälle
gezwungen werden, die Milch fortzulassen; wir geben dann bis zur
Defervescenz concentrirte Getreidemehlsuppen oder, wo sie genommen werden, Abkochungen von Nestle'schem oder Faust-Schuster'schem Mehle im ungefähren Verhältniss von 15—20 Theilen
auf 100 Theile Wasser. Mit Fleischsuppe beginnen wir auch bei
dieser Form gegen den 8. oder 9. Tag und zwar gleich mit den
proteinhaltigen Zubereitungen, geben Alcoholica jedoch nur in starker Verdünnung, weil eine Veranlassung zu kräftiger Stimulation
nicht vorliegt. Im Uebrigen ist die Diät, speciell die der Reconvalescenz, ganz die oben beschriebene.

Auch bei leichtem Typhus darf unter keinen Umständen feste Nahrung gereicht werden, selbst wenn
der Kranke noch so dringend und noch so anhaltend
nach derselben verlangt. Wir können meistens die Diät des
Initialstadiums, Milchkaffee, Getreidemehlsuppen mit Milch, weiter
reichen, verordnen auch wohl behufs der hier so sehr verlangten
Abwechselung Getreidemehlsuppen mit Malzextract oder Eigelb,
Griessuppe mit Rothwein, Abkochung von Arrow-root mit Milch und
Wasser. Fleischsuppen mit Eigelb können ebenfalls meist durch
die ganze Krankheit hindurch gereicht werden. Hier gilt es, durch
stete Variationen den Patienten bis zur Reconvalescenz mit Suppen
hinzuhalten. Hat das Fieber ganz nachgelassen, ist die Zunge rein,
so kann dann der Uebergang zu consistenter Kost allerdings rascher
als bei den schwereren Formen geschehen, aber er muss auch hier
ein allmäliger und jeder Schritt nach vorwärts ein prüfender sein.

Machen schon die einzelnen Formen des Typhus einen Unterschied in der Diät, so noch mehr die einzelnen Individuen. Bei

kleinen Kindern ist es häufiger als bei Erwachsenen möglich, die Milchdiät durch die ganze Dauer der Krankheit durchzuführen. Wird sie jedoch nicht vertragen, so gibt man Abkochungen von Nestle'schem Mehle, oder bei hochgradig darnieder liegender Verdauung Getreidemehlsuppen. Für ältere Typhuskranke empfiehlt es sich, frühzeitig, vom 4. Tage an, sobald die Diagnose sieh sichert und wir uns also auf eine längere Krankheit gefasst machen müssen, Fleischbrühe und Spirituosen, letztere in stimulirender Dosis zu geben, dreimal täglich einen Esslöffel voll Cognac oder ein Glas guten Wein. Chlorotische, Anämische, überhaupt Geschwächte müssen gleich den älteren Patienten behandelt werden. Ist bei ihnen allen die Proteinverdauung einigermaassen erhalten, so unterlasse man nicht, neben den Stimulantien Getreidemehlsuppen mit Malzextract oder frisch ausgepressten Rindfleischsaft mit etwas Salz- oder Phosphorsäure zu reichen; ist das Verdauungsvermögen weniger gut, so gibt man als Fleischsuppe am besten das Infusum carnis acido paratum. Sehr vorsichtig sei man hinsichtlich etwaiger Aenderungen in der Diät bei allen nervösen Individuen; hier glaubt man oft, das Digestionsvermögen genau cruirt zu haben und täuscht sich doch. So unberechenbar ist dasselbe bei diesen Patienten auch noch in der Reconvalescenz. Getreidemehlsuppen allein und, wenn das Stadium der Krankheit es erfordert, mit allmälig steigendem Zusatz von Fleischsuppe, bilden für sie die beste Diät im Typhus, wenn nicht anderweitige dringende Indicationen vorliegen. Besonders vorsichtig sei man bei ihnen mit Spirituosen und gehe insbesondere in der Reconvalescenz mit grösster Sorgsamkeit vor, stets sondirend, da hier aus den scheinbar unbedeutendsten diätetischen Aenderungen andauernde Magen- und Darmkatarrhe sich entwickeln können. Trinkern gebe man von Anfang an Fleischbrühe und Alcoholica, letztere gleich in stimulirender Dosis, dreimal täglich 15 Grm. Cognac und vom Ende der 1. Woche an 20—25 Grm. Bei übrigens kräftigen, aber plethorischen Individuen zeigt eine anhaltendere Darreichung von Obstsuppen, wenn sie nicht entschieden durch zu starke Durchfälle contraindicirt werden, eine unverkennbar vortheilhafte Wirkung auf den Ablauf der Krankheit.

Von den Complicationen im Typhus sind besonders die adynamischen Zustände zu besprechen. Bei plötzlich auftretendem Collaps ist ein Glas (30 Grm.) Cognac oder Rum, starker Kaffee, heisse Fleischbrühe das Beste, was gereicht werden kann. Bei langsam sich entwickelnden, über die gewöhnliche febrile Schwäche hinausgehenden adynamischen Zuständen, bei allmälig hervortretender Herzschwäche, müssen wir uns vor Allem hüten, in einen sehr nahe liegenden und häufig begangenen Fehler zu fallen, nämlich nunmehr mit aller Hast und Energie eine, möglichst viele Nahrungsstoffe enthaltende Diät aufzudrängen. Dass dieselbe der bestehenden Verdauungsstörungen wegen fast niemals nützen, dagegen meistens durch Steigerung der letzteren und selbst des Fiebers schaden wird, liegt auf der Hand. In solchen Lagen können unter Umständen, deren wir oben gedacht haben, Peptonklystiere indicirt sein; in der Regel aber wird nur von der energischen und regelmässigen Darreichung von Stimulantien, von Rindfleischsuppe und Alcoholicis noch Hülfe zu erwarten sein. Das tägliche Quantum der letzteren richtet sich darnach, ob sie in dieser Krankheit schon vor dem Eintritt der Asthenie stimulatorisch verwendet sind. In diesem Falle müssen sie öfterer gereicht werden, doch gehe man mit der jedesmaligen Dosis nicht über 15—20 Grm. Cognac (resp. das Acquivalent in Wein) hinaus. Die Zahl der Dosen würde darnach bei langsam sich entwickelnder Asthenie von 3 auf 4, 5 oder 6 hinaufsteigen, je nachdem es die Verhältnisse erfordern. Unser Bestreben muss es sein, durch rationelle Diät, die nicht mehr entzieht, zumal in den ersten Tagen, als nöthig ist, und durch prophylaktische Anwendung geringerer Mengen von Alcoholicis die grösseren Mengen entbehrlich zu machen.

Bei sehr häufigen Durchfällen müssen die Entleerungen mit der geschärftesten Aufmerksamkeit auf etwaige Reste verbotener Speisen untersucht werden; so lange aber, wie die Durchfälle das gewöhnliche Maass überschreiten, darf Nichts als Getreidemehlsuppe, Leimsuppe, Dec. alb. Sydenhami und Abkochung von Nestle'schem Mehle gestattet werden.

Treten Blutungen auf, so sind von dem Augenblicke an vorläufig nur Eis, sowie kleine Portionen von Leim- und Getreidemehlsuppen zulässig, auch wenn das Verdauungsvermögen weit mehr zu reichen gestattete. Zieht die Blutung sich in die Länge, so ist trotzdem nicht von der eben beschriebenen Diät abzuweichen, da es von grossem Werthe ist, keine starken Contractionen der Gedärme, welche die Blutung befördern könnten, zu Stande kommen zu lassen. Gefahrlos ist es jedoch, bei vorhandener Indication der Mehlsuppe etwas Malzextract zuzusetzen. Erst ganz allmälig gehe man nach dem Aufhören der Blutung zu anderer Diät über und ziehe insbesondere die Darreichung fester Nahrung sehr weit hinaus.

Bei Perforationen gibt es am ersten Tage nur Eis und, wo

dies nicht zur Hand ist, nur kleine Portionen kalten Wassers; erst
Tags darauf darf man wieder esslöffelweise kalte Griessuppe oder
Haferschleim gestatten. Im Uebrigen ist die diätetische Behandlung
von da an dieselbe, wie bei Peritonitis acuta.

Jeder complicironde Magenkatarrh, richtiger jede Affection des Magens, die stärker ist, als wir sie nach dem Stadium der
Krankheit und der Höhe des Fiebers erwarten dürfen, muss für die
Anordnung der Diät eingehend beachtet werden. Es gilt vor Allem
die Ursachen festzustellen, die entweder in einer unrichtigen Diät,
oder in wahren Recidiven, oder in intercurrirenden anderweitigen
Krankheiten, oder auch in einer zu eingreifenden Medication zu finden
sind, und abzuändern, was abgeändert werden kann. Immer aber
verlangt eine solche ungewöhnliche Affection eine ganz milde, reizlose, die Thätigkeit der Verdauungsorgane sehr wenig herausfordernde
Diät, das temporäre Zurückgehen auf die einfachen Getreidemehl-
wassersuppen als alleinige Nahrung, bis durch Hebung der Complication ein alsdann sehr langsam zu bewerkstelligender Uebergang
zu anderer Diät erlaubt ist.

Zieht ein Typhus sich in die Länge, so müssen wir immer
nachforschen, ob nicht doch durch unsere eigenen diätetischen Anordnungen oder durch ein Uebertreten derselben ein das Fieber
unterhaltender Reizungszustand der Magen- und Darmmucosa erzeugt
ist. Vielleicht reichen wir in dem Gedanken, dass die sich ver-
längernde Krankheit auch eine kräftigere Ernährung nöthig mache,
schon mehr, als verdaut werden kann; vielleicht haben auch die
Angehörigen ihrem eigenen Drange und dem des Patienten nach
unerlaubter Kost zu weit nachgegeben. Ein Zurückgehen auf die
Schleimsuppen für einige Tage und das energische Verbot jeder anderen Diät bringt hier sehr oft und rasch die nöthige Aufklärung.
— Liegt aber die Verlängerung des Typhus nicht in solchen äusseren
Momenten, so dürfen wir allerdings den Patienten nicht bei Getreidemehlsuppen lassen. Da sich fast immer auch bei anhaltendem Fieber die Verdauung langsam wieder restaurirt, so reichen wir Suppen,
deren Proteingehalt von Tag zu Tag etwas zunimmt; durch Malzextract, Eigelb, Milch lässt sich dies nach der oben angegebenen
chemischen Zusammensetzung leicht und sicher reguliren. Bessert
sich dabei der Appetit, so geben wir trotz des Fiebers frisch ausgepressten Rindfleischsaft und concentrirtere Abkochungen von Nestle-
schem Mehle, immer aber noch flüssige Kost. Erst wenn das Fieber

geradezu chronisch wird, darf von dieser letztgenannten Regel abgewichen werden.

Bei wahren Recidiven und beim Hinzutreten ander-
weitiger Erkrankungen, z. B. von Pneumonie, ist zunächst, da
fast immer eine Verschlechterung des Verdauungsvermögens damit
verbunden ist, für einige Tage eine nur Getreidemehl- und Leim-
suppen umfassende Diät anzuordnen, wenn nicht ganz besondere
Indicationen für die Darreichung von Stimulantien vorliegen. Gerade
die letzteren halten, wenn sie in der ersten Zeit erneuter Dyspepsie
gegeben werden, sehr leicht die Wiederherstellung der Function der
Verdauungsorgane auf und tragen dadurch zur Schwächung des Patienten bei. Sind dagegen die ersten Tage der erneuten Attacke
vorüber und hat man die eben beschriebene Diät eingehalten, so
sieht man in der Regel rasch das Digestionsvermögen den Stand
wieder einnehmen, den es unmittelbar vorher hatte und richtet dann
die diätetischen Maassnahmen nach diesem Stande ein. Wollte man
im Beginn der Rückfälle trotz der damit Hand in Hand gehenden
Zunahme der Dyspepsie, etwa mit Rücksicht auf die Dauer der bisherigen Krankheit und die Schwäche des Patienten, eine reichlichere
und nahrhaftere Kost verordnen, so würde dies die Störung der Verdauung vermehren, ihre Restauration aufhalten und vielleicht noch
anderweitige üble Folgen haben.

2. Acute Gastro-enteritis.

Bei der diätetischen Behandlung der acuten Gastro-enteritis
haben wir zunächst zu berücksichtigen, dass sehr oft eine ungeeig-
nete Nahrung die Krankheit hervorruft und beim gleichzeitigen Vorhandensein eines anderweitigen ursächlichen Momentes eine schlimmere Form derselben zu Wege bringt. Nächstdem ist das locale
Leiden und die von ihm abhängigen schweren Symptome ins Auge
zu fassen. Bei der acuten Gasto-enteritis besteht, wie wir wissen,
eine mehr oder weniger hochgradige Hyperämie der Magen- und
Dünndarmschleimhaut, bei der die Resorptionsfähigkeit höchst wahrscheinlich erheblich herabgesetzt ist, die Verdauungssäfte, wenn
überhaupt, so doch in veränderter Qualität abgesondert werden und
zugleich eine gesteigerte Empfindlichkeit der afficirten Partien sich
geltend macht. Doch liegt die grosse Gefahr nicht in diesen eben
aufgeführten Momenten an sich, sondern in den beiden Haupt-

symptomen der Krankheit, dem Erbrechen und dem Durchfall.
Denn erstens wird durch sie dem Organismus massenhaft Wasser
entzogen, zweitens die schon durch die pathologisch-anatomischen
Veränderungen der Schleimhaut und die Alteration der Verdauungs-
secrete erschwerte Ausnutzung des Genossenen noch mehr beein-
trächtigt, ja nicht selten ganz unmöglich gemacht, und drittens
rufen Erbrechen und Durchfall, selbst Aeusserungen des localen
Leidens, ihrerseits wiederum eine Steigerung desselben hervor, weil
mit ihnen stärkere Contractionen der Muscularis, jedenfalls des Darm-
canales verbunden sind, und daraus bei der anatomischen Structur
dieser Theile, bei der eigenthümlichen Anordnung des Verlaufes der
Gefässe, eine noch stärkere Blutansammlung in der Mucosa resultirt.
Es ergibt sich also die Nothwendigkeit, diese beiden gefahrdrohen-
den Symptome rasch zu heben.

Nicht selten gelingt dies schon durch Beseitigung der Ursachen
der Krankheit.[1]) Hat notorisch eine Erkältung stattgefunden, so ist
immer ein Warmhalten des Unterleibes indicirt; das Bedecken des
letzteren mit einer Flanellbinde ist ohnehin bei jedem Brechdurchfall anzurathen, da es entschieden günstig auf die Frequenz der
Durchfälle einwirkt. Liegt die Veranlassung in einer ungeeigneten
Nahrung und ist anzunehmen, dass sie noch nicht wieder aus dem
Verdauungstractus entfernt ist, so ist vor jeder anderen Maassnahme
ein leichtes Laxans zu reichen, die Nahrung selbst aber, speciell
eine säuerliche oder durch schlechtes Wasser verunreinigte Milch,
sofort zu verbieten. Bekommt ein an der Mutterbrust ernährtes
Kind Brechdurchfall und stellt sich heraus, dass die Mutter oder die
Amme eine saure Speise oder irgend eine andere nachtheilige Kost
genossen hat, so ist ihnen alsbald die sorgsamste Diät vorzuschreiben; wird aber ein eben entwöhntes Kind von dieser Krankheit be-
fallen, so muss dasselbe, wenn irgend möglich, ohne Verzug wieder
an die Brust gelegt werden.

Sehr häufig aber sind wir gar nicht im Stande, der Indicatio
causalis zu genügen, weil wir die Ursache entweder nicht kennen,
oder, wie die atmosphärischen Einflüsse, nicht zu beseitigen vermögen. Auch sind meistens die Hauptsymptome, Erbrechen und Durchfälle, so heftig, dass man direct gegen sie einschreiten muss. Nun
erweist es sich aber in allen denjenigen Fällen, in welchen das

---

1) Die Prophylaxis, hier ungleich wirksamer als die Therapie, gehört nicht
hierher, da wir nur von der Behandlung der ausgebrochenen Krankheit reden.

Erbrechen nicht ganz in den Hintergrund tritt, am rathsamsten, dieses zunächst zu beseitigen, weil es einestheils die Patienten entschieden mehr angreift, das Aufhören des Erbrechens die conditio sine qua non der Ausnutzung des Genossenen ist, und weil anderentheils sehr oft das Erbrechen durch Fortpflanzung der Peristaltik eine weitere Vermehrung der Durchfälle zur Folge hat. Zum Glücke kann dieser Indication durch Mittel Genüge geleistet werden, die alle auch auf die Durchfälle mehr oder weniger günstig einwirken; denn dass man bei aller Rücksichtnahme auf das erstgenannte Symptom das zweite niemals aus den Augen verlieren darf, braucht nicht besonders betont zu werden. Auch ist es selbstverständlich, dass, wenn von vornherein oder im weiteren Verlaufe mehr die Durchfälle prävaliren, man gegen diese in erster Linie vorzugehen hat.

Welches sind aber die Mittel, die das Erbrechen beseitigen und gleichzeitig die Durchfälle mildern? Wollen wir sie richtig wählen, so müssen wir uns erinnern, dass die Gastro-enteritis gerade mit Rücksicht auf das Erbrechen in zweifacher Form uns entgegentritt. Ist die Reflexerregbarkeit so sehr gross, dass Alles oder nahezu Alles wieder erbrochen wird, was der Patient zu sich nimmt, so müssen wir vor allen Dingen den Magen eine Zeit lang, 24 Stunden, vollständig mit Nahrung verschonen, da sie ja doch wieder erbrochen wird und das Erbrechen, wie wir eben gesehen haben, die Krankheit nur noch mehr verschlimmern würde. Eine 24stündige Entziehung von Nahrung kann ohnehin selbst ein Kind im 1. Lebensjahre, wenn es nicht schon wesentlich geschwächt in die Krankheit eintritt, erfahrungsgemäss gut vertragen. Neben dieser in so schweren Fällen absolut nothwendigen Maassregel haben wir noch zwei andere Mittel, welche die erhöhte Reizbarkeit des Magens herabsetzen, nämlich Eis und Opium. Ersteres reichen wir kleinen Kindern als Eiswasser theelöffelweise, grösseren Kindern und Erwachsenen als Eispillen. Ueber die Darreichung des Opium, die etwaigen Contraindicationen und die Dosis eingehender zu sprechen, ist hier nicht der Ort. — Die Erfahrung lehrt, dass mit diesen Maassnahmen in der Regel ein sofortiger Nachlass des stürmischen Erbrechens und eine Herabsetzung der Frequenz der Durchfälle zu bemerken ist. Das Einzigste, was nebenher allenfalls noch gestattet werden kann, ist etwas Pflanzenschleim, Salep- oder Eibischabkochung. Das wäre die Behandlung am 1. Tage einer stürmischen Gastro-enteritis mit hyperästhetischem Erbrechen. In der grösseren Mehrzahl der Fälle ist dann die Reizbarkeit des Magens durch die ihm gegönnte Ruhe und die

anderen Mittel so weit gemildert, dass wir nunmehr neben Eiswasser
oder Eispillen schon öftere, aber noch kleine Portionen von Gersten-
oder Haferschleim oder Grieswassersuppe reichen können, ohne dass
sie wieder erbrochen werden. Jede anderweitige Nahrung ist aber
selbst bei vollständiger Sistirung des Erbrechens auf das Bestimmteste
zu verbieten, da Nichts schlimmer als ein Rückfall ist. Am folgenden, also dem 3. Tage der Krankheit, resp. des stürmischen Erbrechens,
können schon grössere Mengen jener Suppen gestattet werden, und
damit suche man bei kleinen Kindern noch einige weitere Tage aus-
zukommen, um dann entweder zu Liebig'scher Suppe, Abkochungen
von Nestle'schem Mehle oder (mit ganz allmälig steigendem Zusatz von Milch zu den Mehlsuppen) langsam zur früheren Nahrung
wieder überzugehen. Bei grösseren Kindern oder Erwachsenen darf
man schon frühzeitiger einen Uebergang gestatten, vermeide aber
unter allen Umständen noch wenigstens zwei oder drei Tage nach
dem völligen Aufhören des Erbrechens jede consistente Kost und
Milch. Wenn nun aber die oben beschriebene vorsichtige Diät nicht
genügte, um das Erbrechen zum Verschwinden zu bringen, wenn
auch am 2. Tage der Behandlung noch höchstens das Eiswasser im
Magen bleibt, Alles andere erbrochen wird, was ja leider auch bei
pünktlichster Befolgung jener Vorschriften oft genug vorkommt, so
säume man nicht, zu den schon früher so angelegentlich empfohlenen
Peptonklystieren überzugehen, die fünfmal täglich einem 9 Monate
alten Kinde, jedesmal ca. 40 Grm. Wasser mit den Peptonen von
25 Grm. Eierweiss enthaltend, zu reichen sind. Sie fristen das Leben
so lange, bis der mit jeder Nahrung verschonte Magen sich wieder
erholt, seine hohe Reizbarkeit verloren hat.

Ist die Reflexerregbarkeit in der Gastro-enteritis nicht so hochgradig, das Erbrechen nicht so stürmisch und nicht so rasch dem
Genusse folgend, ist es mehr die Folge einer sauren Gährung der
Nahrung, so muss zunächst jede leicht in solche Gährung übergehende Kost, vor Allem also Milch und Milchspeise, verboten wer-.
den. Sehr häufig genügt schon dies und die Darreichung von
Gerstenschleim als Ersatz, um das Erbrechen sofort zum Verschwinden zu bringen und den Durchfall gelinder zu machen. Bleibt trotzdem das Erbrechen, gehen auch die Getreidemehlsuppen gleich nach
der Aufnahme in saure Gährung über, so ist der in einer zugekork-
ten Flasche aus gehacktem rohem Fleisch durch Kochen gewonnene
Saft, den kleinen Kindern alle halbe Stunden zu zwei, drei oder vier
Theelöffel voll als alleinige Kost gereicht, von grösstem Nutzen.

Wird damit der Gebrauch von verdünnter Salzsäure, der bei stärkeren Durchfällen Opiumtinctur zuzusetzen ist, verbunden, so kann man des günstigsten Erfolges sicher sein. Erst nach dem entschiedenen Nachlasse des Erbrechens und nach dem Erscheinen etwas consistenter, gleichförmiger Entleerungen kann Milch wieder erlaubt werden, doch auch hier nur unter der Bedingung, dass sie zunächst als Zusatz zu den Getreidemehlsuppen mit diesen genossen wird.

Ganz dasselbe Verfahren, Weglassen der Milch, Verordnung von Gerstenschleim, Haferschleim, Grieswassersuppe und eventuell, wenn bei ihrer Anwendung keine Besserung eintritt, Verordnung des ausschliesslichen Genusses von Fleischsaft ist überall da nothwendig, wo das Erbrechen nicht so in den Vordergrund tritt, täglich vielleicht ein- oder zweimal stattfindet, dagegen die Durchfälle prävaliren. Auch, wo nach einer voraufgehenden diarrhöischen Periode, sei es durch einen Diätfehler, oder durch zu geschäftige Medication, oder aus unbekannten Ursachen Erbrechen sich einstellt, ist sofort die Milch wegzulassen, wenn dies der Durchfälle wegen nicht schon geschehen war. Im Uebrigen richtet sich hier die diätetische Behandlung nach dem Charakter der zur Enteritis sich gesellenden Gastritis.

Während wir somit in allen Fällen, in welchen eine acute Gastro-enteritis künstlich ernährte Kinder oder Erwachsene betrifft, unbedingt und in erster Linie jede Milchnahrung zu verbieten haben und erst nach tagelangem Aufhören des Erbrechens langsam und vorsichtig zu ihr zurückkehren dürfen, wenn anders der Zustand des Dünndarmes dies gestattet, müssen wir gemäss dem oben des Weiteren aus einander gesetzten Grundsatze bei den an der Mutterbrust ernährten Kindern es von der Schwere und der Dauer der beiden Hauptsymptome, in specie des Erbrechens, abhängig machen, ob wir die Forderung stellen sollen, dass das Kind ganz von der Brust zu nehmen sei. In den allermeisten Fällen genügt es, das Kind einen oder zwei Tage nicht an der Brust saugen zu lassen und ihm dafür kleine Portionen Gerstenschleim zu reichen.

Mit der grössten Aufmerksamkeit ist bei jeder acuten Gastro-enteritis auf die ersten Zeichen von Adynamie und Mitaffection des Gehirnes zu achten. Wenn die Haut an der inneren Oberschenkelfläche auffallend rasch welk und faltig wird, wenn über den oberen Augenlidern zwischen ihnen und dem Arcus supraorbitalis eine Vertiefung sich ausbildet, die Lider im Schlafe nicht mehr völlig geschlossen werden, die Lippen erblassen, die Pupillen weniger prompt als in der Norm reagiren, die Kinder nur noch oberflächlich schlafen, mit dem Köpfchen sich viel und unruhig hin und her wenden, da warte man nicht noch schlimmere Zeichen ab, sondern gebe sofort fünfmal täglich durch Eis gekühlten Tokayerwein, einem Kinde von 9 Monaten zur Zeit 1—2 Theelöffel voll und, wo er nicht in guter Qualität zur Hand ist, ebenso oft einen Kinderlöffel voll starken Kaffee ohne Milch mit 12 Tropfen Cognac, auch, falls nicht die hochgradige Reizbarkeit des Magens es verbietet, und es bis dahin unterblieben ist, den oben schon erwähnten Fleischsaft, unter allen Umständen aber, auch wenn dieser letztere nicht wieder erbrochen wird, Peptonklystiere. Principiis obsta; ist die Gehirnanämie völlig ausgebildet, so ist die Hoffnung auf Genesung sehr gering. Den richtigen Augenblick muss man wählen; greift man zu früh mit Stimulantien ein, so steigert man nur allzu oft die Krankheit, versteht man aber die allerersten Zeichen der beginnenden Adynamie und Gehirnanämie zu erkennen und geht man sofort energisch vor, so kann man der drohenden Gefahr vorbeugen und manches Leben retten.

3. Dysenterie.

Bei der diätetischen Behandlung der Ruhr haben wir uns zu erinnern, dass in der ganz leichten Form die Function der Digestionsorgane in der Regel wenig gestört ist, dass in der mittelschweren Form die Menge des Speichels verringert, die Wirksamkeit desselben erhalten, das Verdauungsvermögen des Magens entschieden herabgesetzt, aber nicht völlig aufgehoben ist, dass in der schwersten Form, mag sie von Anfang an als solche auftreten oder aus den weniger heftigen sich entwickeln, die Menge des Speichels fast gleich Null, die Bildung von Peptonen im Magen ebenfalls fast vollständig oder vollständig erloschen ist. Wir haben ferner zu bedenken, dass wir es in der Ruhr mit einer katarrhalischen bezw. diphtheritischen Entzündung der Dickdarmschleimhaut zu thun haben, dass also der aus dem Genossenen gebildete Brei bei seiner Fortbewegung auf eine entzündlich geschwollene, resp. geschwürige Mucosa gelangt und hier eine Verschlimmerung des Leidens durch seine etwaige offensive Zusammensetzung um so leichter hervorrufen kann, als gerade in den erkrankten Particeen die schwächere Action der Darmmuskulatur ein längeres Verweilen veranlasst. Es darf endlich nicht ausser Acht gelassen werden, dass, wenn auch mit der Defervescenz in

der Regel eine Besserung des Verdauungsvermögens sich einstellt,
dennoch die volle Restauration der Mucosa wenigstens nach den
schwereren Formen alsdann noch nicht stattgefunden hat.

An der Hand dieser Erwägungen werden wir verordnen: als
Getränk in allen Formen stubenwarmes Wasser, kaltes oder Eis
nur bei Brechreiz oder wirklichem Erbrechen; ausserdem Reiswasser,
Traubenzuckerwasser mit geringen Mengen guten Rothweines, Thee.
Als Nahrung geben wir

1. in leichten Fällen mit geringem oder ganz fehlendem Fieber:
   Gersten- oder Haferschleim mit Milch zu gleichen Theilen
   versetzt, Kalbfleischsuppe mit Eigelb, Abkochungen von
   Nestle'schem Mehle, Liebig's Kindersuppe mit Milch
   bereitet, und unter Umständen, d. h. bei Fieberlosigkeit
   und reiner Zunge, auch geschabtes rohes Fleisch, Kartoffelbrei, gemahlenen Reis mit Milch zu Brei gekocht.

2. in mittelschweren Fällen concentrirte Getreidemehlsuppe,
   Liebig's Kindersuppe ohne Milch, Eierweisswasser, von
   Anfang an bis zur Defervescenz.

3. in sehr schweren Fällen dünne Getreidemehlsuppe, Leim-
   und Pflanzenschleimsuppen von Anfang an bis zur Defervescenz.

Lässt das Fieber nach, hört der starke Tenesmus auf, erscheinen
statt der schleimig-blutigen Abgänge wieder normal gefärbte con-
sistentere Entleerungen, und beginnt der Appetit sich thatsächlich
zu regen, die Zunge sich zu reinigen, so gehen wir zu nahrhafterer
Kost über, vermeiden aber noch, wie beim Typhus, mit grösster Strenge
alles Consistente. Was wir alsdann gestatten dürfen sind: Concentrirte
Getreidemehlsuppe mit Malzextract oder mit einem Dritttheil Kuhmilch,
Tauben- oder Kalbfleischsuppe mit Eigelb, Abkochungen von Nestle-
schem Mehle und Liebig's Kindersuppe. Treten bei dieser Aenderung der Diät keine üblen Symptome, kein stärkerer Zungenbeleg,
keine Abnahme des Appetites, keine Uebelkeit, keine Zunahme des
Tenesmus auf, so geben wir nach Ablauf von drei Tagen Morgens und
Nachmittags Milchkaffee, Mittags etwas Kartoffelbrei, zum Frühstück
und Abends einen Esslöffel voll geschabtes rohes Fleisch und neben-
bei, wie auch Mittags, eine Tasse Tauben- oder Kalbfleischsuppe.
Wird auch dies gut vertragen, so verordnen wir zu dem geschabten
Fleisch eine Scheibe alter entrindeter Semmel und statt der einen
oder zweier Portionen Bouillon ein Glas frisch gemolkene Milch, im
Ganzen also die Reconvalescentendiät der Typhuskranken.

8*

Alcoholica als Stimulantien können wir in den leichten und mittelschweren Formen ganz entbehren; ja concentrirt genossen, sind sie entschieden von Nachtheil, da der Tenesmus erfahrungsgemäss nach ihrem Genusse zunimmt. Treten dagegen adynamische Zustände ein, wie ja in der schweren Form durch die heftigen Schmerzen, durch die aus diesen und dem immer wiederkehrenden Drängen resultirende Schlaflosigkeit, das hohe Fieber, den ungenügenden Ersatz des Eiweisses eine derartig gesteigerte Herabsetzung der Leistungsfähigkeit des Nervensystems gar nichts Seltenes ist, so liegt für den Arzt die Verpflichtung vor, anregende Mittel anzuwenden, und dann sind die Alcoholica trotz der eben erwähnten nicht günstigen Wirkung keineswegs allemal zu entbehren. Immerhin ist es gerade in der Ruhr rathsam, bei langsam sich ausbildender Adynamie, auf deren früheste Zeichen (Puls, Herztöne, Temperatur der Füsse, Farbe der Lippen) sorgsam zu achten ist, zunächst nicht mit Spirituosen vorzugehen, sondern Tauben- und Kalbfleischbrühe, sowie kleinere, öfter wiederholte Gaben von starkem, lauwarmem, mit nur sehr wenig Milch versetztem Kaffee, zu verordnen. Zeigt es sich aber, dass diese Mittel, von denen übrigens in mehreren Ruhrepidemieen das letztgenannte uns von entschiedenem Nutzen gewesen ist, nicht ausreichen, dann zögere man nicht, zu Alcoholicis überzugehen. Am besten bekommt guter Portwein und guter Tokayer, die Vorsicht aber gebietet hier mehr als sonst, die Wirkung der ersten Dosis abzuwarten, ehe man weitere verordnet. Die anfängliche Dosis sei ein Esslöffel voll; man kann sie steigern, hält sich aber im Ganzen mehr an kleinere, öftere Gaben. Bei plötzlichem Collapsus ist eine Tasse starken Kaffees, ein Glas Portwein oder Tokayerwein am Platze, doch sehe man besonders in der Ruhr wegen der grossen Empfindlichkeit der Darmmucosa, dass nur wirklich gute Weine zur Verwendung gelangen.

Säuglinge lässt man an der Mutterbrust, so lange nicht jene bedrohlichen Zustände eintreten, welche nach den früheren Erörterungen für die Entziehung der natürlichen Nahrung maassgebend sind. Ist aber ein solcher Schritt, besonders bei hartnäckigem Erbrechen, nothwendig, so sei er zunächst provisorisch. Man verordnet, dass dem Kinde einige Tage nur Gerstenschleim oder Grieswassersuppe, bei besserem Verdauungsvermögen Liebig'sche Kindersuppe ohne Milch gereicht und dass dann, wenn mittlerweile Erbrechen verschwunden und Tenesmus erheblich verringert war, wieder ein

Versuch mit der Mutterbrust gemacht werde. Verschlimmert sich
aber die Krankheit aufs Neue, so ist ungesäumt zu der Schleimsuppendiät zurückzukehren.

Bei künstlich ernährten Kindern ist es in Fällen leichter Ruhr
zu versuchen, die Milchnahrung während der ganzen Krankheit un-
verändert beizubehalten. In der Regel sind die durch die Störung
der Verdauungsorgane bedingten Nachtheile der Darreichung von
Kuhmilch in der Dysenterie so beträchtlich und in die Augen
fallend, dass wir diese Nahrung entweder ganz mit Getreidemehlsuppen vertauschen müssen oder sie nur als einen geringen Zusatz
zu letzteren gestatten dürfen. Die beiden Symptome, welche nach
dem Genusse von Kuhmilch auftreten und zur Aenderung der Diät
veranlassen können, sind, wie bei den an der Mutterbrust genährten
Kindern, aber ungleich häufiger als bei diesen, Erbrechen und Zunahme der blutig-schleimigen Entleerungen.

Aeltere Individuen und solche, die durch Schwäche ihrer Constitution, durch eben überstandene Krankheiten eine geringe Wider-
standskraft besitzen, müssen, sobald es sich heraus stellt, dass die
Dysenterie keinen leichten Verlauf nimmt, oder bei einem sehr acuten
Beginn schon nach Ablauf der ersten Tage neben den Getreidemehlsuppen Fleischbrühe von Tauben und Kalbfleisch, oder, wenn die
Verdauung für Protein nicht völlig erloschen ist, Infusum carnis
acido paratum erhalten, von allen diesen Zubereitungen drei- bis
viermal täglich eine halbe Obertasse voll, ausserdem nach einem
prüfenden Versuche ebenso oft einen bis zwei Esslöffel voll guten
Wein.

Trinker werden diätetisch gerade so behandelt.

Bei Würgreiz, Erbrechen gibt man Eispillen, Eiswasser,
kein Selterserwasser, weil durch dasselbe die Darmcontractionen
verstärkt werden. Selbstverständlich ist bei der Bekämpfung dieses
auch in der Dysenterie sehr bösen Symptomes vor Allem die Ursache
ins Auge zu fassen, die meistens ein Diätfehler, oder eine durch
das häufige und rasche Verlassen des Bettes hervorgerufene Erkältung der Füsse, oder Ansammlung von Fäcalmassen oberhalb der
kranken Partieen ist und dann abgeändert werden kann.[1]

Bei starkem Gastricismus ist auch hier ein temporäres
Zurückgehen auf dünne Getreidemehlsuppen nothwendig, mag diese

---

[1] Bei hartnäckigem Erbrechen untersuche man allemal den Urin in Bezug
auf complicirende Nierenaffection.

Complication durch einen Diätfehler, durch ein Recidiv, durch eine intercurrirende Krankheit oder durch eine unbekannte Ursache bedingt sein. Zieht die Dysenterie sich in die Länge, so darf nicht in infinitum Schleimsuppendiät verordnet werden. Denn, wenn auch die Darmmucosa möglichst geschont werden soll, so sind doch andererseits auch die Verluste des Körpers durch das Fieber und die Entleerungen so bedeutend, dass an einen Ersatz gedacht werden muss, sobald es nur irgend zulässig ist. Sehen wir also im Verlaufe einer schweren Dysenterie, dass trotz fortbestehender örtlicher und allgemeiner Erscheinungen das Digestionsvermögen sich zu bessern anfängt, die Zunge sich etwas reinigt, Appetit sich ein wenig wieder regt, die Menge des Speichels zunimmt u. s. w., so verordnen wir alsbald eine dieser Besserung entsprechende, etwas proteinreichere Nahrung, Getreidemehlsuppe mit Malzextract, Kalbfleischsuppe mit Eigelb, Liebig'sche Suppe ohne Milch, alles Zubereitungen, welche unter diesen Umständen dem Körper entschieden nützen, weil sie jetzt assimilirt werden können, welche aber irgend einen üblen Einfluss auf die noch entzündete und geschwürige Schleimhaut des Dickdarms nicht haben. Mit diesen Suppen suchen wir dann bis zur Reconvalescenzperiode zu gelangen, für welche die Regeln schon oben festgesetzt wurden. Eine Beschreibung der Diät für chronische Dysenterie gehört nicht zu unserem Thema.

4. Peritonitis acuta.

Dies ist diejenige Krankheit, bei welcher eine richtige diätetische Behandlung am meisten nützt, eine unrichtig gehandhabte am meisten schadet, und bei welcher jedes Schwanken und Nachgeben über eine sehr kurz gezogene Grenze hinaus sofortige Verschlimmerung nach sich zieht. Vergegenwärtigen wir uns nur einmal die Verhältnisse, welche hier in Betracht kommen. Bei acutem Beginn der Peritonitis ist das Verdauungsvermögen in der Regel sofort ausserordentlich herabgesetzt und, so weit es sich auf den Magen bezieht, ganz oder fast ganz erloschen. Ungleich wichtiger ist aber noch der Umstand, dass eine sehr hochgradige Reizbarkeit des Magens und des Darmtractus besteht, die um so mehr ins Gewicht fällt und um so ernster zu berücksichtigen ist, als es gewiss ist, dass eine Heilung der Peritonitis nur erwartet werden kann, wenn die beweglichen Unterleibsorgane möglichst fixirt, die Peristaltik auf das geringste Maass eingeschränkt wird. Aus diesen Momenten ergibt sich die Diät von selbst: Wir dürfen nur die reizloseste, die Thätigkeit der Verdauungsorgane am wenigsten in Anspruch nehmende Nahrung, auch diese nur in jedesmal sehr kleinen Portionen verordnen, niemals auch nur die geringste Quantität fester Kost gestatten und in Bezug auf diesen letzteren Punkt unsere unnachsichtliche Strenge noch mehr walten lassen, als in irgend einer anderen acuten Krankheit. Je mehr wir vom ersten Augenblick an auf die sicheren Gefahren einer consistenten Nahrung aufmerksam machen, je eingehender wir unter den Augen der Angehörigen alle etwaigen Entleerungen nach oben und unten beachten und durchforschen, je öfter wir die Leichtigkeit betonen, mit der jede ungehörige Nahrung in diesen Entleerungen nachgewiesen werden kann, um so eher dürfen wir erwarten, dass in Bezug auf diesen wichtigsten Punkt der ganzen Behandlung unsere Anordnungen nicht überschritten werden.

Die specielle Diät ist dann folgende:

Getränk: Eiswasser, ganz kaltes Brunnenwasser, beides in kleinen Quantitäten, ersteres zu einem halben, letzteres bis zu einem ganzen Esslöffel voll; Eispillen. Kein Thee, kein Selterserwasser, kein säuerliches Getränk irgend welcher Art, kein Zusatz von Alcoholicis zum Wasser. Hört der Brechreiz auf, so kann statt des Eiswassers Traubenzuckerwasser in kleinen Portionen gestattet werden.

Nahrung: sorgsam durchgeseihter Gerstenschleim, Grieswassersuppe, Haferschleim, jedesmal einige Esslöffel voll; nichts weiter, insbesondere keine Milch, keine Fleischsuppe, keine ernährenden Klystiere irgend welcher Art, weil auch diese die Peristaltik vermehren.

Diese strenge Diät wird ohne die geringste Abweichung (nur zwischen den einzelnen oben angegebenen Suppen wird gewechselt) fortgesetzt, bis das Fieber vollständig nachgelassen hat, spontaner Stuhl eingetreten, die Tympanie und örtliche Schmerzhaftigkeit geschwunden ist, die Zunge sich gereinigt hat. Dann reichen wir zuerst die Getreidemehlsuppen mit Malzextract, mit Eigelb, oder mit Kalbfleischsuppe vermischt, auch jetzt noch in kleinen, öfter wiederholten Portionen. Treten keine erneute Schmerzen, keine Temperaturerhöhung wieder auf, so geben wir nach Ablauf von mehreren Tagen Getreidemehlsuppe mit Milch, Kalbfleischsuppe mit Eigelb, Liebig'sche Kindersuppe und, wenn auch bei dieser Diät keine

Verschlimmerung sich einstellt, nach weiterem Verlaufe von zwei
bis drei Tagen rohes, fein gesehabtes Rindfleisch zu einem Esslöffel
voll, das nach einem voraufgehenden Versuche dreimal täglich zu
gestatten ist. Gleichzeitig darf Mittags ein kleines Quantum des
feinsten Kartoffelbreies genossen werden. Mit diesem Regime müssen
wir bis zur Mitte der zweiten Woche der Reconvalescenz auskommen,
nur kann das Quantum der zur Mehlsuppe gesetzten Milch, des
rohen Fleisches und des Kartoffelbreies langsam vermehrt werden.
In der Regel ist es alsdann gestattet, die Milch unvermischt, frisch
gemolken trinken zu lassen, zum rohen Fleisch alte, entrindete Semmel zu reichen und die eine Portion des rohen Fleisches durch gebratenes Geflügel oder ein sehr weich gekochtes Ei zu ersetzen.
Auch kann jetzt statt des Kartoffelbreies ein aus gemahlenem Reis
mit Milch bereiteter Brei gegeben werden. Jedes andere Gemüse,
jede Art von Obst, auch in gekochtem Zustande, ist noch immer zu
verbieten. Erst nach Ablauf von wenigstens drei Wochen der Reconvalescenz kann alles Leichtverdauliche der früheren Nahrung des
Patienten wieder gestattet werden, jedoch ist auch dann noch vor
jeder Ueberladung des Magens und vor zu derber, consistenter Kost
zu warnen. Kleienbrot, Wurst, besonders die sog. Leber- und Blut-
wurst, und Blattgemüse sind noch eine lange Zeit mit Strenge zu
meiden.

Zieht die Peritonitis sich über die ersten drei Wochen hinaus, so dürfen wir, obgleich erfahrungsgemäss die betr.
Patienten bei der Mehlsuppendiät länger zu erhalten sind als Ty-
phöse und Dysenterische, dennoch diese ausschliessliche Nahrung
nicht weiter fortführen, ohne die Kranken der ernstlichen Gefahr
einer Consumtion auszusetzen. Der Zeitpunkt, wann unter solchen
Umständen bei noch bestehendem Fieber eine Zugabe zu obiger Kost
verordnet werden muss, ist in jedem einzelnen Falle nach der Reizbarkeit des Magens, dem Verdauungsvermögen und dem Kräfte-
zustand festzustellen. Ein zu solcher Aenderung ermunterndes Zeichen ist allemal ein regelmässiges Erscheinen spontaner Entleerungen.
Selbstverständlich muss hier der Uebergang ein ganz besonders vorsichtiger sein. Zusatz von Malzextract zu den Mehlsuppen, Gerstenschleim mit Kalbfleischsuppe, Liebig'sche Suppe bilden hier den
Anfang. Besonders zu erstreben ist gerade bei der Gewissheit eines
langsameren Ablaufes der Krankheit der Genuss von frischer Milch,
der aber in der schon mehrfach besprochenen Weise durch steigen-
den Zusatz von Milch zu den Mehlsuppen allmälig vorbereitet werden

muss. Tritt acute Peritonitis bei Geschwächten auf, z. B. nach starken Blutungen im Wochenbett, in den vorgeschrittenen Stadien des Typhus, so bleibt es das Beste, in den ersten Tagen dieser bedrohlichen Complication blos Eis, Eiswasser und Getreidemehlsuppen zu verordnen, weil alles andere nur den Brechreiz, die Darmbewegung, die Schmerzen vermehren, also die Krankheit verschlimmern würde. Wenn es aber gelungen ist, die heftigste Entzündung zu brechen, dann geben wir Gerstenschleim mit Malzextract, kleinere aber öftere Portionen Tauben- und Kalbfleischsuppe und den auch für solche Fälle ausnehmend empfehlenswerthen, aus rohem, gehacktem Fleisch durch Kochen in zugekorkter Flasche hergestellten Saft.

Alcoholica sind bei acuter Peritonitis erst in der Reconvalescenz, wenn die Empfindlichkeit des Unterleibes mehrere Tage ganz geschwunden ist, zu gestatten; ein guter Rothwein oder Tokayer ist dann am meisten zu empfehlen. Tritt aber im Verlauf der Peritonitis Collapsus ein, so ist auch hier ein Glas Tokayer indicirt.

Anmerkung. Es bedarf kaum der Erwähnung, dass das diätetische Regime bei milderem Verlauf der Krankheit, z. B. bei circumscripter Entzündung des serösen Ueberzuges der Leber, eine Aenderung erfährt. Doch halte man auch hier mit fester Nahrung so lange zurück, bis die örtliche Schmerzhaftigkeit geschwunden ist, weil immer die Ausbreitung der partiellen Peritonitis zu befürchten steht. Bei obiger Darstellung ist ein schwerer Fall von Entzündung des Processus, vermiformis mit Peritonitis zu Grunde gelegt worden.

5. Pneumonia crouposa.

Wenn es sich darum handelt festzustellen, welche diätetische Anordnungen bei der Lungenentzündung zu treffen sind, so ist zunächst zu erwägen, dass bei den meisten Patienten das Verdauungsvermögen für Protein, wenigstens innerhalb des Magens, schon vom 1. oder 2. Tage an ganz erheblich herabgesetzt oder ganz erloschen ist und erst mit der Defervescenz sich wieder bessert, dass die Menge der Mundflüssigkeit sehr verringert, die Wirksamkeit derselben nicht immer erhalten, dass höchst wahrscheinlich die Absonderung auch der übrigen Verdauungssäfte vermindert, und dass in der Regel die Stuhlentleerung zurückgehalten ist. Wir müssen uns ferner vergegenwärtigen, von woher bei der croupösen Pneumonie dem

Leben Gefahr droht. Bei der verhältnissmässig kurzen Dauer der Krankheit dürfte aus dem allerdings beträchtlichen febrilen Eiweiss-verlust eine directe Bedrohung des Lebens durch Inanition wohl nur unter besonderen individuellen Verhältnissen resultiren. Die hauptsächlichste und nächste Gefahr besteht vielmehr entweder in dem Auftreten fluxionärer Hyperämieen der Lunge oder, was viel häufiger, in dem Umstand, dass unter dem Einfluss der gesteigerten Bluthitze und der mangelhaften Ernährung das Herz, die Athmungs-muskeln und die ihnen dienenden Nervenapparate derartig in ihrer Leistungsfähigkeit herabgesetzt werden, dass sie den in der Lungen-entzündung vermehrten Widerständen und erhöhten Anforderungen gegenüber insufficient werden. Eine weitere Gefahr liegt für die Patienten darin, dass die croupöse Pneumonie oftmals nicht in Re-solution endet und dass sich ein leutescirendes Fieber mit langsamem Verfall des Körpers an die primäre Krankheit anschliesst.

Es ist nun die Frage, wie wir unter dem Einfluss aller dieser Erwägungen unsere diätetischen Anordnungen zu treffen haben, um, wenn möglich, auch durch diese einen Einfluss auf den Ablauf der Krankheit, in specie auf die Verhütung der Gefahren auszuüben.

Zunächst ist es klar, dass wir dem herabgesetzten Verdauungs-vermögen entsprechend dem Kranken von Anfang an nur sehr wenig Protein, vorwiegend Kohlehydrate, und diese in einer der Digestion wenig bedürfenden Form reichen, mit der Diät auf die Stuhlentlee-rung wirken und insbesondere Alles vermeiden werden, was die an und für sich schon sehr hohe und gefährliche Temperatur wenn auch nur noch um ein Geringes erhöhen und die Thätigkeit des Herzens wie der Athmungsmuskeln, deren spätere Erlahmung wir zu fürchten haben, zur Unzeit steigern könnte. Wir verordnen demnach

als Getränk: stubenwarmes Wasser und Traubenzuckerwasser.
Kaltes Wasser vermehrt den Hustenreiz;
als Nahrung: Obstsuppe, süsse Molken, dünnen Gerstenschleim, Leimsuppe, Grieswassersuppe, weiter Nichts. Haferschleim ruft bei Vielen Blähungen hervor und ist deshalb zu meiden, weil möglicherweise die Excursionen des Zwerchfelles dadurch be-schränkt werden könnten. Wo das Verdauungsvermögen nicht so tief herabgesetzt ist, reichen wir Gerstenschleim mit Malz-extract, mit Milch, auch Abkochungen von Nestle'schem Mehl, Liebig's Kindersuppe.

Es ist gewiss, dass diese Nahrung dem natürlichen Ablaufe der Krankheit nicht hinderlich, im Gegentheil förderlich ist, und dass bei

keiner anderen Ernährung die Genesung sicherer und rascher zu
Stande kommt. Zur Anwendung von Stimulantien ist bei regelmässigem Verlaufe der Pneumonie übrigens gesunder Individuen
nicht die geringste Veranlassung, und proteinreichere Nahrung, die
man des starken Eiweissverlustes wegen zu reichen geneigt sein
könnte, dem Kranken zu verordnen ist mindestens zwecklos, weil
sie nicht assimilirt werden kann. Nicht blos zwecklos, sondern geradezu nachtheilig ist aber die Darreichung fester Nahrung, was trotz
früherer specieller Erörterungen hier noch besonders zu betonen nicht
überflüssig sein dürfte, da man es noch in neuester Zeit ausgesprochen hat, dass man Pneumonikern, wenn sie es irgend nehmen
wollten, rohes, etwas übergebratenes Fleisch und Butterbrod geben
solle. Dass consistente Kost in der Lungenentzündung der Regel
nach nicht jene alsbald wahrnehmbare, auf dem Fusse ihr nachfolgende Verschlimmerung hervorruft, wie bei Peritonitis, Typhlitis
und beim Typhus, ist gewiss und auch leicht erklärlich; dass sie
aber, eben weil sie höchst unvollständig verdaut wird, bei Pneumonikern fast allemal vermehrte Dyspepsie, belegtere Zunge, Uebelkeit,
Beklemmung im Epigastrium und häufig Zunahme der Dyspnoe wie
des Fiebers zu Wege bringt, wird Niemand in Abrede nehmen, der
bei den allen diätetischen Anordnungen so schlecht nachkommenden
unteren Klassen genug Lungenentzündungen behandelt hat. Nun
ist aber jeder über die gewöhnliche febrile Dyspepsie hinausgehende
Gastricismus eine den regelmässigen Verlauf der Pneumonie störende,
höchst lästige Complication, welche allermindestens die Krankheit
hinaus zu ziehen, den Patienten noch mehr zu schwächen geeignet
ist, und welche deshalb mit aller Kraft, so weit es möglich ist, verhütet werden muss. Dies geschieht nur durch eine dem jedesmaligen Verdauungsvermögen möglichst angepasste Diät; es soll dem
Patienten nicht mehr entzogen werden, als mit Rücksicht auf die
schwere Störung seiner Digestionsorgane und der plastischen Thätigkeit des Organismus nöthig ist, aber es darf ihm auch Nichts gereicht werden, was für den Fall, dass es nicht verdaut wird, Nachtheil bringen könnte. Und niemals gebe man sich dem folgen-
schweren Irrthum hin, zu glauben, dass man durch eine möglichst
proteinreiche Nahrung in der Pneumonie den Organismus, in specie
das Herz widerstandsfähiger zu machen und so einer Erlahmung
vorzubeugen im Stande sei. Es kommt eben auch dem Pneumoniker
nicht alles das, was er geniesst, sondern nur das zu Gute, was er
verdaut, und was die Diät zur Abwendung der eben beregten Gefahr

thun kann, tbut sie sicherlich nur, wenn sie an den Patienten keine
höheren Anforderungen stellt, als er zu erfüllen vermag. Geht sie
darüber hinaus, so leistet sie nur dem Eintritt derselben Gefahren
Vorschub, denen vorzubeugen die Absicht war.

Bessert sich mit der Deferveseenz das Verdauungsvermögen, so
geben wir alsbald concentrirten Gersten- oder Haferschleim mit Malzextract oder Milch, Fleischsuppe mit Eigelb, Milchkaffee, und sehen
zu, möglichst bald zu dem reichlichen Genuss frisch gemolkener
Kuhmilch übergehen zu können, die neben der Vermeidung jeder
Erkältung und der Sorge für reine Luft das beste Mittel einer raschen
Reparation der Lunge wie des gesammten Organismus ist. Die erste
feste Nahrung, welche bei stark sich reinigender Zunge und that-
sächlichem Appetit schon am 2. oder 3. Tag nach dem Aufhören
des Fiebers gereicht werden kann, sei alte Semmel und etwas geschabtes, rohes Fleisch, welches letztere dann alsbald durch Geflügel,
Wild, weich gekochtes Ei zu ersetzen ist.

Dies ist also die Diät bei vollständig regelmässigem Ablauf der
Lungenentzündung übrigens gesunder Erwachsenen. Von dieser Norm
weichen wir nur dann ab, wenn die Krankheit selbst in der einen
oder anderen Weise abweichend verläuft. Es ist schon oben ausdrücklich bemerkt worden, dass bei leichtem Verlaufe der Pneumonie eine eiweissreichere Kost verordnet werden muss, wenn gleichzeitig die Verdauung weniger stark herabgesetzt ist. Dass auch
dann keine feste Nahrung zu gestatten ist, braucht nicht weiter aus-
geführt zu werden. Treten in der Lungenentzündung statt der Verstopfung Durchfälle auf, so lassen wir Obstsuppen fort und geben
lediglich Gerstenschleim oder Grieswassersuppe. Wie aber haben
wir uns zu verhalten, wenn sich die Zeichen einer Erlahmung des
Herzens und der Athmungsmuskeln einstellen? Es ist selbstverständlich auch hier nothwendig, auf die allerfrühesten Symptome jener
Gefahr zu achten, wenn unsere Maassnahmen einen Erfolg haben
sollen; diese Maassnahmen schon vor der Signalisirung der Gefahr
in Anwendung zu ziehen, ist nur da indicirt, wo individuelle Umstände den Eintritt derselben im Voraus als in hohem Grade wahrscheinlich erkennen lassen. Davon wird noch weiter unten die Rede
sein. Wenn nun aus dem Puls, den Erscheinungen am Herzen, der
Temperatur der Füsse, dem Unterschiede der Temperatur des Mastdarmes und derjenigen der äusseren Haut zu ersehen ist, dass eine
Abschwächung der Circulation sich ausbildet, greifen wir ohne Zögern
mit stimulirenden Mitteln ein. Fleischbrühe, Lösung von Fleisch-

extract und Alcoholica müssen alsdann regelmässig gereicht werden, täglich drei- bis viermal, Fleischbrühe jedesmal zu einer halben Tasse voll, Cognac jedesmal zu einem Esslöffel voll, oder statt dessen ein Glas Portwein oder Tokayer. Bei Steigerung der Insufficienz des Herzens müssen diese Alcoholica noch öfter genommen werden, fünf- bis sechsmal binnen 24 Stunden. Lassen im Gegentheil auf den Gebrauch der Stimulantien die bedrohlichen Erscheinungen nach, so gehen wir mit der Zahl der Dosen herunter.

Bei plötzlich sich ausbildendem schwerem Collapsus sind eine Tasse starken Kaffees und eine Gabe von 30 Grm. Cognac, in zwei rasch auf einander folgenden Portionen gereicht, die besten Mittel. Tritt darnach eine Erleichterung ein, so ist in dem Gebrauch der Stimulantien nach denjenigen Regeln fortzufahren, die soeben für die weniger intensiven Grade von Herzschwäche aufgestellt wurden.

Eine gerade entgegengesetzte Behandlungsweise ist da einzuleiten, wo fluxionäre Hyperämieen der Lunge während einer Pneumonie auftreten. Dass derartige Zufälle in der That und zwar als das Leben schwer gefährdend bei den an Lungenentzündnng Erkrankten vorkommen, ist nicht zu bezweifeln, so schwer es auch manchmal ist, diese Erscheinungen von den durch Erlahmung des Herzens und der Athemmuskeln bedingten sicher zu unterscheiden. Treten schwere Oppressionen, starke, nicht im Verhältniss zu der örtlichen Ausbreitung der Pneumonie stehende Athemnoth und überhaupt die Symptome eines acuten Oedems in einem frühen Stadium der Krankheit bei vorher ganz Gesunden auf, und ist ausserdem aus der Temperatur der Füsse und dem Unterschied zwischen der Temperatur des Mastdarmes und der äusseren Haut eine Abschwächung des Blutkreislaufes nicht zu erschliessen, so müssen wir eine active Blutüberfüllung der nicht entzündeten Lungenlappen als die Ursache jener eine Herzschwäche vortäuschenden Symptome ansehen. Alsdann sind alle Stimulantien und, wie die Radix senegae, Liq. ammon. anis., so auch Fleischbrühe und Spirituosen entschieden nachtheilig. Die passendste Diät bilden als gelind auf den Stuhl wirkend Obstsuppen und Molken; das eigentliche Heilmittel aber ist die Venaesection, die rasch und, wenn anders die Diagnose richtig war, auch meist dauernd jene Zufälle beseitigt.

Zieht eine Pneumonie sich in die Länge, ist die Abnahme des Fiebers eine langsame, schwankende, die Resolution unvollständig, so müssen wir auf die frühesten Zeichen eines besseren Verdauungsvermögens achten, um alsbald selbst bei fortdauerndem Fieber eine proteinreichere Kost zu verordnen. Das Mittel nun, welches vor allen anderen den grossen Gefahren dieses Zustandes noch am wirksamsten entgegentritt, ist eine consequent durchgeführte Milchcur, die deshalb so früh, wie es die Digestionsorgane zulassen, einzuleiten ist. Nächst diesem Mittel aber ist gerade hier wegen seiner chemischen Zusammensetzung und Leichtverdaulichkeit das Malzextract besonders zu empfehlen.

Befällt eine croupöse Lungenentzündung ältere oder geschwächte Individuen, insbesondere auch solche, deren Herz nicht völlig intact ist, so liegt es uns ob, von dem ersten Tage an, oder, wenn der Beginn ein sehr stürmischer war, gleich nach Ablauf der ersten Tage durch vorsichtig ansteigende Darreichung stimulirender Diät dem Organismus für die Dauer der Krankheit so viel Energie zu verschaffen, sein Nervensystem auf solchem Grade der Leistungsfähigkeit zu erhalten, dass auch den erhöhten Anforderungen Genüge geleistet, und dass in specie die gesteigerten Hindernisse des kleinen Kreislaufes überwunden werden können. Ohne die frühzeitige Anwendung dieser Stimulantien gehen besonders eine Menge jener Pneumoniker zu Grunde, welche den niederen Ständen angehörend Tag aus Tag ein von Kaffee, Kartoffeln, Brot und Branntwein leben und in Folge dieser unzureichenden Nahrung eine widerstandsunfähige Constitution mit in die Krankheit bringen. Wollten wir solche Menschen, ebenso aber auch anämische, chlorotische, beim Eintritt von Pneumonie gerade so behandeln, wie vollkräftige gesunde, so würden wir einen grossen Fehler begehen. Ihnen allen geben wir, ohne dass schon adynamische Zeichen vorliegen, dreimal täglich eine halbe Tasse Fleischbrühe, und ebenso oft einige Esslöffel voll guten Wein, letzteren in steigernder Menge, während die übrige Diät dem Verdauungsvermögen angepasst wird. — Ganz ebenso haben wir bei Trinkern zu verfahren.

Bei den Pneumonieen mit frühzeitig ausgesprochen asthenischem Charakter, als deren Typus die sogenannten biliösen Pneumonieen gelten, ist in der Regel eine starke, von Diätfehlern unabhängige Betheiligung der Magen- und Darmschleimhaut vorhanden und dann ein entschieden erschwerendes Moment. Der starke Zungenbeleg, das rasche Fuliginöswerden, der häufige Würgreiz, das Erbrechen galliger Massen zeigen die schwere Functionsstörung an. Das Erbrochene enthält eine Menge Schleim, aber nur selten Peptone. Auch hier kann deshalb die bei der grossen Schwäche der Patienten besonders wünschenswerthe Zuführung proteinreicher Nahrung Nichts nützen. Wohl aber ist es eine wichtige Indication, den complicirenden Gastricismus zu beseitigen, um bald eine derartige Nahrung mit Aussicht auf Erfolg geben zu können. Bis dies geschehen, müssen wir mit Getreidemehlsuppen und Stimulantien, Fleischbrühe und Wein den Patienten hinhalten.

Die nicht croupösen Pneumonieen.

Alle Pneumonieen mit remittirendem Fieber, die Influenza — die Masern — die Stickhustenpneumonie und alle aus einer Bronchitis sich heraus entwickelnden, erfordern eine etwas andere diätetische Behandlung als die croupöse. Bei jenen ist der Beginn nicht so stürmisch, das Verdauungsvermögen nicht so schwer gestört. Die Mundflüssigkeit ist weniger vermindert, die Wirksamkeit derselben erhalten; die digestorische Thätigkeit des Magens selten so tief herabgesetzt, wie bei der croupösen Pneumonie, wenn nicht, wie dies bei den Influenzapneumonieen allerdings die Regel, eine starke Schleimbildung im Magen die Function desselben behindert. Demgemäss verordnen wir als Getränk stubenwarmes Wasser und Traubenzuckerwasser, Thee; als Nahrung:

1. bei starkem Gastricismus Molken, dünnen Gerstenschleim und Grieswassersuppe,
2. beim Fehlen des starken Gastricismus Milchkaffee, Milchsuppe, Gerstenschleim mit Malzextract, Liebig'sche Suppe, Abkochungen von Nestle'schem Mehl.

Ist das Fieber kein leichtes, ergibt sich gegen die Mitte der zweiten Woche die hohe Wahrscheinlichkeit oder die Gewissheit, dass der Verlauf der Krankheit sich weiter hinausziehen wird, so gehen wir mit Rücksicht auf die Herabsetzung der Leistungsfähigkeit des Körpers durch etwa vorhergegangene Krankheit, durch das Fieber, durch mangelhaften Ersatz des consumirten Eiweisses, durch die mit dem Husten verbundene Schlaflosigkeit und mit fernerer Rücksicht auf das noch längere Andauern dieser Ursachen zu der Einfügung stimulirender Mittel in die obige Diät über und zwar nach denselben Regeln, welche oben beim Abdominaltyphus beschrieben sind. Mit beginnender Reconvalescenz ist auch bei diesen Pneumonieen die möglichst frühe Einleitung einer Milchcur zu erstreben.

Eine besondere Besprechung verdient noch die lobuläre Pneumonie der ersten Lebensjahre. Das Verdauungsvermögen der kleinen

Patienten ist nur in dem Endstadium lethal verlaufender Fälle meist
ganz erloschen, im Uebrigen je nach dem Fieber nur mehr oder
weniger herabgesetzt. Das Wichtigste ist aber der schon oben mehrfach erwähnte Umstand, dass diese Krankheit sich so sehr häufig
durch die Veränderungen, welche die genossene Milch im Fieber
erfährt, mit Durchfällen und selbst mit Erbrechen complicirt. Nun
ist aber ein derartiger Intestinal- resp. Gastrointestinalkatarrh an
sich schon zu bekämpfen, wie viel mehr hier, wo die Patienten
durch die Hauptkrankheit so sehr mitgenommen werden. Demgemäss
werden wir bei künstlich ernährten Kindern während einer lobulären Pneumonie die Milch nur noch als Zusatz zu Getreidemehlsuppen
verwenden und, wenn Durchfälle oder Erbrechen in irgendwie erheblichem Grade auftreten, nur noch die einfachen Getreidemehlsuppen, oder bei besserem Verdauungsvermögen Liebig'sche Suppe
ohne Milch, Gerstenschleim mit Malzextract reichen. Kinder, die an
der Mutterbrust liegen, lassen wir bei lobulärer Pneumonie, so lange
Durchfall und Erbrechen in geringerem Grade bestehen, gemäss dem
früher beregten Grundsatze bei dieser Ernährung. Wenn aber jene
Symptome stärker sich geltend machen, so ordnen wir an, dass die
Brust nur einigemal täglich gereicht, dafür aber Gerstenschleim gegeben wird. In der Regel genügt dies hier Angeführte, um den die
Patienten so sehr schwächenden Intestinalkatarrh wesentlich zu mildern. Dadurch wird aber der Eintritt von Asthenie in der lobulären
Pneumonie ungemein oft verhütet. Stellen sich dennoch Symptome
eines derartigen bedrohlichen Zustandes ein — das Blasserwerden
der Lippen ist eines der frühesten — so gehen wir ungesäumt und
energisch bis zu entschiedener Hebung der Gefahr zu Stimulantien,
zu Kalbfleischsuppe, Fleischextract mit Gerstenschleim, Tokayerwein über.

6. Meningitis.

In der acuten Meningitis simplex (der Convexität) ist für die
diätetische Behandlung zu berücksichtigen, dass in der Regel vom
ersten Beginn an das Verdauungsvermögen wenigstens des Magens
für Protein fast ganz oder ganz erloschen ist, dass die Absonderung
der Mundflüssigkeit in sehr vermindertem Maasse stattfindet, und
dass neben starkem Brechreiz Verstopfung besteht. Darnach ist
folgende Diät zu verordnen:

als Getränk: kleine Mengen Eiswasser, kaltes Traubenzuckerwasser.

als Nahrung: süsse Molken, Obstsuppen, Grieswassersuppe,
und zwar bis zur beginnenden Reconvalescenz.

Mit dem Eintritte der letzteren wird zunächst concentrirte Getreidemehlsuppe, am folgenden Tage mit etwas Milch oder Malzextract versetzt, und Kalbfleischsuppe verordnet; auch Liebig'sche
Suppe kann gereicht werden. Erst, wenn diese Diät gut vertragen
wird, bei mehrtägiger Anwendung keine belegtere Zunge, keine Abnahme des Appetits und überhaupt keine weitere Störung eintritt,
sind kleine Portionen geschabtes, rohes Fleisch und alter Semmel
nebenher zu gestatten. Noch mehrere Wochen ist auf die leicht
verdaulichste Diät, auf öftere, aber kleine Portionen zu halten, und
noch länger ist der Genuss von Spirituosen irgend welcher Art zu
verbieten. Diese vorsichtige Diät ist auch für das Stadium der Reconvalescenz nothwendig, weil jede Störung des Organismus, zumal
eine mit Fieber sich verbindende, wie sie bei Indigestionen eintreten könnte, die Resorption des Exsudats zu beeinträchtigen im
Stande ist.

Bei der tuberculösen Meningitis beschränken sich unsere diätetischen Anordnungen darauf, jede Nahrung zu verbieten, die das
Erbrechen steigern könnte; wir sorgen also dafür, dass Milch fortgelassen wird und bestimmen als Getränk kleine Mengen kaltes
Wasser, als Nahrung, so lange eine Verdauung derselben anzunehmen
ist, Liebig'sche Suppe ohne Milch, Abkochungen von Nestle-
schem Mehl.

7. Masern und Scharlach.

Ungleich schwieriger ist es, die Regeln für die diätetische Behandlung von Masern und Scharlach zu präcisiren. Die Verschiedenheit der einzelnen Fälle ist eben viel grösser, als bei den meisten
anderen acuten Krankheiten, so dass, was dem einen Patienten
heilsam, dem anderen schon ein grosser Nachtheil sein kann. Zwar
lassen sich auch hier nach dem Fieber und dem Verdauungsvermögen
bestimmte Kategorieen von Kranken und dem entsprechend auch bestimmte diätetische Normen aufstellen; aber es ist darauf aufmerksam zu machen, dass bei Masern und Scharlach, der so häufig sich
hinzugesellenden Complicationen wegen ungleich öfterer eine Modi-

fication eintreten muss. Mit dieser Clausel wollen wir die Kategorieen feststellen. Es ist bekannt, dass die in Frage stehenden Exantheme bald mit sehr leichtem, bald mit ziemlich erheblichem, bald mit sehr schwerem Fieber verlaufen; gerade so ist das Verdauungsvermögen, so weit es sich durch die Untersuchung der Mundflüssigkeit und des Erbrochenen constatiren lässt, bald kaum merkbar, bald ziemlich stark, bald sehr beträchtlich bis zum Verschwinden gestört. Fälle eines ganz intacten Appetits sind bei Masern und auch bei Scharlach gar nicht so selten; Fälle, in denen das Erbrochene gar keine Peptone enthält, sind bei Masern sehr selten, ausgenommen, wenn dieselben einen ausgesprochen malignen Charakter haben oder mit sehr schwerer Lungenaffection verbunden sind; häufiger sind solche Fälle bei Scharlach, auch wenn keine Complication, nur ein hochgradiges Fieber vorhanden ist. Specielleres lässt sich aus unseren bisherigen Untersuchungen noch nicht feststellen. Einer besonderen Erwähnung verdient es aber noch, dass bei Masern auch grösserer Kinder verhältnissmässig oft ein Intestinalkatarrh besteht, der, meistens nicht von unzweckmässiger Diät herzuleiten, mit Durchfällen und mit Schmerzen im rechten Hypochondrium verbunden ist. Diese Complication, denn als solche, nicht als ein einfaches Symptom febriler Dyspepsie ist jener Katarrh anzusehen, verlangt allemal Berücksichtigung, ganz besonders aber bei kleinen Kindern, weil sie nicht blos das Fieber noch über den Ablauf der eigentlichen Krankheit unterhalten und dadurch die Reconvalescenz hinausziehen kann, sondern auch, weil die Erfahrung lehrt, dass die an sich schon unerwünschte Concurrenz dieses Katarrhs mit einer Bronchial- resp. Lungenaffection gerade bei Masern die Prognose um ein Erhebliches trübt. Mit Berücksichtigung dieser Momente werden wir verordnen:

als Getränk: Wasser, (Trauben-) Zuckerwasser, beides bei Masern stubenwarm, um den Hustenreiz nicht zu vermehren. Bei Scharlach kann Wasser mit Fruchtsaft gestattet werden; gibt man dasselbe bei Masern, so achte man wenigstens sehr genau auf die Entleerungen und lasse eventuell rechtzeitig aufhören.

als Nahrung:
  a) in ganz leichten Fällen verbiete man nur die schwer verdauliche Kost. Hier ist unter Umständen noch Semmel, Zwieback, Fleisch, Reisbrei neben Milchsuppen, Milchkaffee, Fleischsuppe zu erlauben.
  b) in mittelschweren Fällen. Consistentes darf hier unter

keinen Umständen gereicht werden, dagegen sind Getreidemehlsuppen mit Milch oder Malzextract, verdünnte Liebig'sche Suppe, Abkochungen von Nestle'schem Mehl
am Platze.

c) in schweren Fällen: Getreidemehlsuppen; bei hochgradigem
Fieber im Scharlach Obstsuppen und süsse Molken, falls
nicht auch hier Durchfälle dieselben verbieten.

Bei beginnender Besserung des Verdauungsvermögens geben
wir alsbald eine proteinreichere Kost, verstärken also nach mittelschwerem Fieber den Zusatz von Milch resp. Malzextract, die Concentration der Abkochungen von Nestle'schem Mehl, reichen Fleischbrühe mit Eigelb, während wir nach schwerem Fieber zunächst die
Nahrung verordnen, welche bei mittelschwerem Fieber in der Krankheit selbst gegeben war, und erst nach mehrtägiger Anwendung zu
der eben erwähnten kräftigeren Kost übergehen. Die fernere Diät
ist dieselbe, wie im Reconvalescenzstadium von Pneumonie.

Treten im Verlauf der Krankheit Durchfälle auf, so dürfen wir,
bis dieselben gehoben sind, nur Getreidemehlsuppen und, falls das
Fieber nicht sehr stark, Liebig'sche Suppe ohne Milch oder Abkochungen von Nestle'schem Mehl nehmen lassen; bei Säuglingen,
welche an der Mutterbrust ernährt werden, haben wir, wie bei lobulärer Pneumonie, anzuordnen, dass das Anlegen nur einigemal täglich stattfindet und dafür Gerstenschleim gereicht wird, sobald die
Durchfälle in irgendwie erheblicher Frequenz sich zeigen.

Gesellt sich zu einer der beiden Krankheiten eine andere Complication von Bedentung hinzu, so wird in der Regel das Verdauungsvermögen sofort noch mehr gestört, oder, wenn es schon auf der
Besserung war, wieder verschlechtert. Es empfiehlt sich dann, zunächst allemal auf einfache Getreidemehlsuppen die Diät zu beschränken, und die weiteren Anordnungen von dem Kräftezustande,
dem Verlaufe der Krankheit und dem ferneren Verhalten des Digestionsvermögens abhängig zu machen. Speciellere Rücksichten hinsichtlich der Ernährung erfordert übrigens weder die Diphtheritis
und Nephritis beim Scharlach, noch die Bronchitis und die Pneumonie bei Masern.

Treten Umstände ein, die, sei es durch die Individualität, oder
durch den Charakter der Epidemie, oder aus Gründen, die in dem
Verlaufe der Krankheit liegen, den Eintritt von Asthenie mit hoher
Wahrscheinlichkeit vorhersagen, so liegt uns auch hier die Pflicht
ob, durch rechtzeitige Anwendung von Stimulantien den Versuch

zu machen, diese Gefahr nicht zum Ausbruch kommen zu lassen.
Dass zu diesem Zwecke bei Kindern am besten Fleischbrühe verwendet wird, liegt auf der Hand; Alcoholica dürfen ihnen aus dem
schon früher erwähnten Grunde erst bei effectivem Eintritt adynamischer Erscheinungen verordnet werden. In diesem Falle reicht
man sie regelmässig, drei- bis viermal am Tage, bis zu entschiedenem Aufhören jener Symptome, am liebsten als Tokayerwein,
Kindern von 12 Monaten einen kleinen Kinderlöffel voll, Kindern
von 1½ Jahren einen guten halben Esslöffel, Kindern von 5 Jahren
einen Esslöffel voll jedesmal.

Bei plötzlichem Collaps, wie er zumal bei Scharlach nicht so
überaus selten vorkommt, ist eine grössere Dosis des eben genannten Weines, einige Esslöffel voll guten Kaffees oder Fleischbrühe
am Platze.

Ziehen die beiden Krankheiten sich in die Länge, so ist mit
Uebergängen, die schon anderen Orts hinreichend beschrieben sind,
der Gebrauch einer Milchcur auf das Nachdrücklichste zu erstreben.

Die Diätetik für die übrigen acuten Krankheiten zu zeichnen,
dürfte überflüssig sein. Bei manchen derselben ergibt sich das Verfahren ganz von selbst; so wird die Typhlitis der acuten Peritonitis,
die acute Enteritis der mit sparsamem Erbrechen verbundenen Form
der Gastro-enteritis, die acute Bronchitis, acute Laryngitis, die Pleuritis den mittelschweren Pneumonieen gleich zu behandeln sein. Bei
anderen, wie beim Rheumatismus acutus, Endocarditis acuta, Erysipelas, Diphtheritis finden nur die allgemeinen Regeln Anwendung,
die oben und soeben noch bei Erörterung der speciellen Diätetik
beschrieben sind. Nur bei acuter Nephritis und Cystitis ist ausser
den generellen Vorschriften mit Rücksicht auf das locale Leiden anzuordnen, dass die reizloseste Diät, welche selbst vom Kochsalz nur
sehr geringe Mengen führt, bis in die entschiedene Reconvalescenz
hinein fortgesetzt wird, dass bei der acuten Nephritis, um von den
Nieren jede erhöhte Thätigkeit fern zu halten, nur so viel Wasser
getrunken wird, wie zur Stillung des Durstes nöthig ist, dass dagegen bei der acuten Cystitis möglichst viel Wasser getrunken wird,
und dass in beiden Krankheiten, sobald es das Verdauungsvermögen
irgend gestattet, Milchsuppen und frisch gemolkene Milch zur regelmässigen Anwendung gelangen.

Druck von J. B. Hirschfeld in Leipzig.

www.ingramcontent.com/pod-product-compliance
Lightning Source LLC
Chambersburg PA
CBHW021934190326
41519CB00009B/1015